イタリアワイナリー最上の24歳

はじめに

私が漠然とワインに興味を持ったのは、妻となるイタリア人女性と知り合った１９９２年初春なので、当時の私は29歳だった。そして、少なからず興味を持ってワインを飲みはじめたのは翌年の93年なので、年齢的に考えれば全く遅いワインデビューである。それ以前は、どこの国のワインでさえ飲んだ経験がほぼ無く、ワインに対してほとんど興味も持っていなかった。

初めて口にしたワインの記憶を辿れば、若かりし頃、何故か家に置いてあったポルトガルの甘口ロゼワイン（マテウス）を飲んだ事か。甘ったるくて美味しいとさえ思わなかった。また、ワインに対しては少々軟弱なイメージを持っており（本当に今では笑い話だが）、成人してからイギリスへ留学し帰国するまでのほぼ10年間は、日本酒や洋酒の方が好きだったし（基本的にアルコール飲料に対してかなり強い体質も影響し）、アルコール度数の高い、俗にいうハードなお酒を好んで飲んでいた。

何故自分がワインに興味を持ったかの理由を思い返すとこのようになるだろう。１９９２年3月から5月まで、勤めていた会社からの業務命令で（全く有難い事だったが）、イギリスへ短期の語学留学をしていた。この時にイタリアを初めとして、スペイン、スイス、欧州各国から同じように留学している仲間がワインを飲んでいたからである。イギリスといえばビール、パブ発祥地であるイギリスだ。学校が終わると一人でパブへ行く事も多かったが、たまに仲間内で集まるような時にワインを飲む友人もいて、当然のフランスワインだった（と思う）が、一緒に飲むと今まで経験したものと違ってかなり美味しく感じて、ワインも決して悪くないなと思った、というよりも、美味しい物なのだと感じた。振り返ればそれが美味しいと感じた最初だろう。

また、事実、この留学が私の完全なる人生の分岐点となった。3ヶ月と短い留学だったのだが、私が所属した語学のコースは、社会人向けのビジネスイングリッシュ・コースで、2週間が1つの区切りだったが、私は2つの学校へ行き、トータルで12週間の授業を受け、クラスは国が重ならないように分けられていた。一緒になった人の国を挙げると、イタリア、スペイン、スイス、ドイツ、フランス、イスラエル、スエーデン、トルコだったろうか。この中で特に相性が

良かったのは、イタリア、スペインで、性格的に合わなかったのはドイツ、フランスだった。この時に感じた事は、個人的に二人で話をすれば、フランス人もドイツ人も良い人ばかりだった。最初にホームステイした寄宿先には少し年上のフランス人が先に居て、イギリスでの生活や家庭のルールなどを事細かく教えてくれ、とても暖かく接してくれた。本当に助かったし感謝した。

ただ、学校内で別な話で、クラス授業が終わり、生徒同士になるような時に、近寄り難い壁のようなものがあった。これは理屈でなく身体で感じた事だった。一方、イタリア人はどんな人種に対しても隔たりがなく（そう見えた）明るく積極的に話し掛けてくる。内向的な日本人とは正反対の性格なのだが、最後はどのクラスでもラテン系の人間達と親交を持てた事も、今の自分にかなりの影響があった事が分かる。いづれ

にしても、相性が良くても悪くても、ワインの美味しい国の人間だったのは面白い事だろうか。

このイギリス留学の終わりに、会社から許可を貰いイタリアに行く事を決めていた。理由は私の父親は46歳（私が10歳の時）と少し早く死んでしまったが、松竹で映画監督をしていた。父親の作品の中に1963年にローマへ海外ロケしたものがあり、いつかは自分もイタリアに行ってローマを見たいと思っていたからだ。加えて、留学先では仲良くなったイタリア人も何名かいたので、その友人に会いに行くという名目も別に出来、一石二鳥という事になった。この時点から私のイタリアとの強い接点が生まれた事になる。もちろん、妻となるイタリア人もその一人である。

イギリス留学を終え、この会社を96年に退社する5年間は年に2回ほど、休み（夏季、冬季の休暇）を使ってイタリアに行き、イタリアでの生活を垣間見るようになった。退社後、現在の仕事のスタイルが確立するまでの96年から98年までは、かなり厳しい生活を余儀なくされた。ワインの仕事を選ぶまで、私は全くの別フィールドで仕事をしており、酒販業界の知人はゼロ、ワインの知識さえほぼない状態だったから、それは厳しいに決まっている。そんな中で徐々にではあるが、業界内に知人も出来、様々なイベントに行き、交流を深めて仕事として成り立つようになる。この3年間は人生で一番厳しい状況下で仕事をしたと自負している。

そして90年代の終わりに前著を一緒に編集する事になる江坂氏と知り合い、２００５年に『イタリアワイン 最強ガイド』の出版へと道が開けたのだ。今回この本が出版されるのは２０１９年なので、前著出版から14年の歳月が流れている。この間、５回の増刷を重ねる事が出来、それなりに愛されて、多くの方に読まれて来たのだと今更ながらに感じる。手に取って頂いた読者の方には心より感謝をしたい。出版後、数年が経つと読者の方から「いつ、次の本を書くんですか」、と質問される事も多く、とても有難く感じていた。出版後１０年くらい経ち、前著をゼロから一緒に作った文藝春秋の江坂氏とは、改訂版作成の話は当然のようにしていた。ほぼ出版が決まりかけた、そんな矢先、彼が急逝してしまったのだ。これにはさすがの私も打ち拉がれた。本書にも掲載されるレ・マッキオレの前オーナー・エウジェニオが急逝した時と同じ様に、精神的に大きな痛手を受けた。私が書いた特定な趣味の本は、作家と編集者が心を１つにし、内容を突き詰めて行かないと作成するのが難しい。この事実は、前著の出版に実際は５年近く掛かった事で体験的にも理解しており、改訂版作成が完全に暗礁に乗り上げた事が現実だった。江坂氏が亡くなった事で、私の出版に対する希望も意志もほぼ消え失せ、結果、１４年の月日が流れる間、新著を作る事は諦めていた。

では、何故、今回の出版になったかと言えば、本書の制作と並行して映像を作ってくれた友人・西村タケシ氏から提案を受けたからである。西村氏とは１９９７年に、まだインターネットやＳＮＳなどが発達していない時代に、個人で開設していたイタリアワインサイトを通して知り合った２０年以上に渡る友人である。この時代背景、ワイン自体がそれほど飲まれていない時で、ワインといえばフランス、ましてやイタリアワインに興味がある人間を探す事さえ難しい状況だった。そのサイトを介して知り合ったイタリアワインに興味を持っていた友人達とは、今でも懇意にしている方達が結構な数いる、本当に人生は楽しいと思う。その西村氏から、「そろそろ自分達も良い歳になったのだから、この辺で本当に好きな事で仕事をしませんか」と提案を受けたからだった。「本当に好きな仕事」とは、考えると簡単に出せる結論ではないが、私はイタリアワインが好きでずっと仕事をしてきたし、西村氏は映像を作る事が好きで仕事をしてきた。格好良くいえば「二人の情熱の具現化」だろうか。私の愛するワイン、ワイナリー、イタリアを、西村氏の映像と共に紹介出来れば、それを見た人がその場に行かなくとも、少しくらいはそれを感じてくれるのではないか、と思い、今回の出版の決断をしたのだった。江坂氏とは一緒に新しく本を作る事は出来なかったが、江坂氏と同じような20年来の旧友と、一緒に作業できる事で江坂氏もきっと喜んでくれると私は確信をしている。

前置きはこのくらいにして、今回の出版が読者の方のワインセレクトのお役に立てればこの上ない幸せだと思っている。では、イタリアワインの素晴らしい世界、そして、ディープな旅にようこそ！

最上の24蔵 目次

イタリアワイナリー

北部イタリア編

〜フリウリ ヴェネツィア・ジュリア州〜

Vie di Romans

≪ヴィエディロマンス≫ Winery

Loc. Vie di Romans, 1, 34070 Mariano del Friuli（GO）

+39-0481-69600

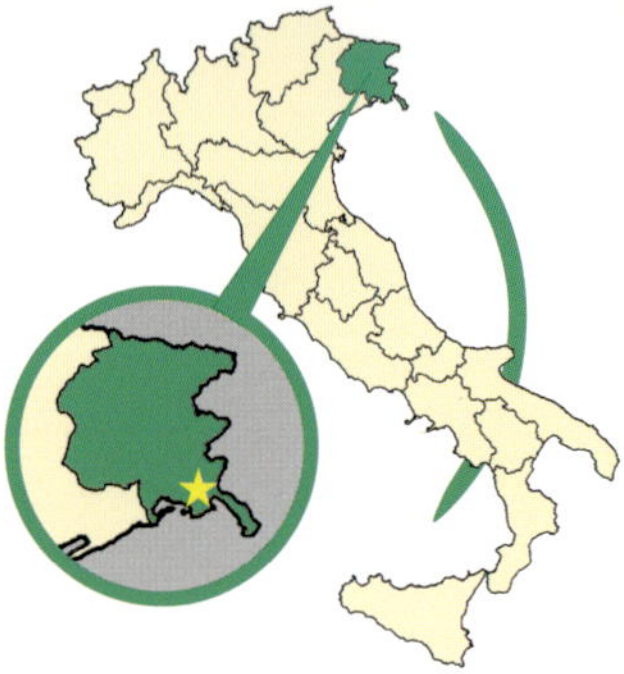

地下2Fにあるバリカイア

シャルドネの畑からカンティーナを臨む

ワインとの出会い

私がイタリアワインに興味を持つ様になった1993年以降、日本とイタリアを1年に数回は行き来するにようになり、イタリア本国でもワインを飲むようになった。当時は普通の会社員だったから、イタリアワインに対して多少の興味を持っていたが、経験や知識を積みたいと思う訳ではなかった。飲んだワインを覚えようという気持ちも考えもなかったが、イタリア滞在中にたまたま選んだ少し値の張る白ワインを飲んだ時、雷に打たれたような、強烈に惹かれた一本の凄いワインがあった。それがヴィエディロマンスというワイナリーのものだった。ワイン名まではっきりと覚えていないが、ソービニョン・ピエーレだったように思う。ヴィンテージも記憶には無いが90年代の初めのものだろう。それ以来、このワイナリーのワインをレストランで見つけると絶対に選ぶようになった。

96年に勤めていた会社を退社し、仕事としてイタリアワインに携われるように進路を決めた時も、このワイナリーの事は出来る限り多くの事を知りたくて、日本でもイタリアでも情報収集を始めたのだった。イタリアのワインガイドでは絶対に高い評価を受け、どんな年の、どんなワインを飲んでも、何時も美味しかった。それほど美味しいワインである。既に日本では正規輸入元があり、一緒に仕事をするのは無理な状況だったので、ヴィエディロマンスの一人のファンとしてワインを愛好していた。

そんな私にオーナーのジャン・フランコと知り会う時が来るのだが、これが前著『イタリアワイン最強ガイド』だった。元々、この本の趣旨は出版社の担当者から「川頭さんが本で取り上げたいワイナリーやイン関係者が居たら、ぜひ、その人達の話しを聞いて来て欲しい」という要望だったからだ。ここに知られていない裏話を書かせて頂ければ、当時、編集担当者が出版社の新書部門に居た兼ね合いで、本としては少し薄い新書形態で出版する事になっていて、私が選んだワイン関係者を8名ほどピックアップ、彼らにインタビューを敢行してそれを載せる、という、かなりマニアックな内容になる筈だった。最初にインタビューをしたのは、亡くなる前のマッキオレの

ジャン・フランコとスタッフ

ヴィエディロマンス
チャンパニス
ピノネロ

オーナー、エウジェニオで2000年の初めに彼のワイナリーを訪問した。その後、何名かのエノロゴやアグロノモに話を聞き、最後がヴィエディロマンスのオーナー、ジャンフランコ・ガッロ。既に2004年になっていた。この取材で初めて彼のワイナリーを訪ねたのだった。熱烈なヴィエディロマンスのワインファンだった私が、インタビューの相手として彼を選ぶ事は必然だった。

なぜ美味しい?

私が初めてワイナリーを訪問した時の事は、様々な理由によって強く記憶に残っている。初めて会うので人物像は想像でしかなく、間違えなく拘りの強い厳しい人物だと思っていた。彼にとっても見知らぬ異国の人間とのインタビューなど、全くイメージが沸かなかっただろう。お互いに初対面であり、彼も私がどの様な事を知りたくてわざわざフリウリまで来たのか、それを上手く伝えるのは難しいことだったし、数時間で終わるような相手ではなかったので滞在時間は想定よりもかなり長くなり、朝から夜までワイナリーにいる事になった。それでも聞きたかった事の半分も終わらなかったし、私の想像以上に凄い人物として記憶に残った。また、到着時の午前中は非常に天気が良かったのだが昼食をはさみ、午後7時過ぎに地下のカンティーナから上がって来ると、外は一面の雪景色だった。まるで映画の様な話だが本当だ。その後、別のワイナリーに行く約束をしていたが、予想外の降雪で30分程度の距離に1時間半くらい掛かってしまい先方にも迷惑をかけた。もの凄く長い1日だった。

ここでヴィエディロマンスのあるフリウリ州イソンゾ地区の特徴を書いておこう。フリウリで品質的に高いワインが造られるエリアは、伝統的に丘陵地のコッリオ、コッリオリエンターリ、といわれ、ヴィエディロマンス以外の有名な生産者はこちらのエリアに集中

している。一方、イソンゾはイソンゾ川中流域に広がる肥沃な平坦地で、丘陵地よりも気温が上昇する傾向にある。肥沃で気温が高めなので、普通にワインを造れば大味になりがちなエリアではあるが、ジャンフランコは徹底的な葡萄畑の管理を行い、完熟した葡萄のみ、収穫量を厳しく制限して高品質なワインを作っている。簡単に書いているが、実際の作業は並大抵ではない。完全主義のジャンフランコだ、スタッフはさぞかし苦労している事だろう。洒落にはならない作業だ。

私がヴェイディロマンスを初訪問してから、かれこれ15年の付き合いになり、彼のワインがなぜこれほどまでに美味しいのか、その理由は日本人では一番知っているだろうし、はっきりとした彼の人物像も持っている。彼のワイン造りの鉄則は、それぞれの葡萄品種が持つ本来の香りと味わいを、如何に変化をさせないでワインを造り上げるか、にある。例えばシャルドネを例に上げると、教本ではシャルドネの香りは、バナナ、パイナップル、グレープフルーツと言われている。また、ソービニョンブランは、パッションフルーツ、トマトの葉、火打石といわれる。このそれぞれの香りは、栽培されているテロワール（これもまた難しい話しですが）によって変化するが、概ね書かれている通りの香りが本当にする。私も収穫時期の9月末にヴィエディロマンスを訪問し、収穫直前の畑を幾つも周り、その時の葡萄の味わいや香りを確かめた経験がある。書いた通りにその香りがするのだ。ぶどうが本来持っているものを、良くも悪くもするのは作業をする人間である。負の部分を出来る限りワインに出さないようにする為の努力を彼は常に研究している。専門的な醸造技術を書いていたら大変なので、ここでは割愛させて頂くが、彼の造るワインにはぶどうが本来持つ香りが常に生きている、と私は断言する。

驚くべき事は、ヴィエディロマンスは作っているワイ

新しいプロジェクトのために開発された発酵タンク

ンの数が多いが、全てに同じ作業を行い、同じ様な高品質のワインを造っている事だ。一つ、二つの美味しいワインを造る事は大抵のワイナリーでやっているが、ここではそれが十種類以上もある。彼が世界中のワイン愛好家から絶対的支持をされる理由でもある。

　そしてジャンフランコの挑戦と進化は止まる事が無い。２０１９年より彼の新しいプロジェクトによる、新しいワインがリリースされた。現段階でこの事を知っている人間は決して多くないので、この場で書いておこう。

　この10年来、彼とワインの話しをするとシャルドネの可能性についての事が多かった。それ以前、ソービニョンや地場品種などシャルドネ以外の話しが多かったような気がするが、彼がシャルドネに高い興味を持ち、その可能性の追求を考えていた事は聞いた記憶がある。シャルドネは世界中で栽培される国際品種、そして、白葡萄の中ではやはり王様の位置にある事は誰も否定しないだろう。国際品種の面白い所は、栽培地のテロワールにより様々な味わいがある事だと思う。また、世界的に認められている品種なので、ワイン初心者は親しみ易いし、上級者（少し語弊があるかな）なら様々な局面から興味を持っている、とも言える。

　彼は既にシャルドネの単一ワインを二種類造っている。チャンパニスとヴィエディロマンスだ。この2種類のワインを造るために、六つの区画のシャルドネを使い、それぞれの区画には畑名が付いている。その区画毎のシャルドネをこの2種のワインとは別に、造ったワインからほぼ10ｈａ分を選び抜き、瓶詰めをする事を決めたのだ。最も大きな違いはアルコール醗酵から瓶熟成が終わるまでの期間で、ステンレスタンクでアルコール発酵を始め、途中でバリック（木樽）に移し変え、アルコール醗酵をバリックで終わらせて、そのままシュールリー（漬け込み）をしながら九カ月熟成、ステンレスタンクに移し変えシュールリーをしたまま更に九カ月熟成。その後、瓶詰めを行い24カ月そのまま瓶熟成をさせるのだ。全く気の遠くなるようなワイン造りである。今年２０１９年に２０１５年ヴィンテージのワインをリリースした。それも6本が1セット（6本入り木箱）である。私も今年に入ってから何度かこのシリーズを試飲しているが、ワインの完成レベルは凄まじい。

最も古い葡萄品種

　もう一つはピノネロをリリースする事である。ピノネロは最も古くから存在する葡萄品種の一つで、世界で最も高価な赤ワインを造る品種でもある。また、テロワールへの適合が非常に難しい品種で、持っている素晴らしい性格がイタリアではほぼ出ていない、と私は思っている。赤葡萄としてはカベルネやメルロと同様に世界中で栽培されているし、イタリアで造られるこれら2品種のワインは、世界中で造られている同品種の最高品質のものと遜色ないワインが造られているが、ピノネロに関しては状況が異なり、イタリアで造られているものは、世界基準から考えるとかなり水を開けられているのが実感としてある。私の経験から振り返っても、ピノネロで美味しいワインを造っているエリアがあるとすれば、アルトアディジェしかないが、世界レベルから見れば中級程度だろう。

　その難しい品種を彼が手掛ける事に、初めて話しを聞いた時には驚いた。時間と労力がまた半端なく掛かる事が容易に想像出来るからだ。でも、彼が決めた以上は、自分が造るピノネロが世界レベルで出せる自信があるからだろう。今年リリースされるピノネロのヴィンテージは2016年、イタリアで造られたピノネロとしてはやはり最上に近い印象を持った。まだ樹齢が10年にも満たない段階でこれだけの品質を出す事は、相当に畑での作業をした事だろう。ジャンフランコが言うには、自分ではボーヌロマネを目指しているが、リリースした16年はコルトンに近い味わい、と言っていた。私の経験値ではその比較さえ出来ないが、彼がボーヌに近いと言う日が来る事を期待して、今後も彼の進む道を共に見て行きたいと思う。

ワイン造り新世代

　最後に彼には3人の子供達がいる。長男は醸造学校を卒業し、世界各地のワイナリーに研修に行き、今では父親と共にヴィエディロマンスのワイン造りを行なっている。次男は今年大学を卒業し、営業面でワイナリーをサポートする予定、長女は化学を専攻し、ワイナリーの分析部門で働いている。巨大な才能を持った父親の元、今後も英才教育が続く事だろう。子供にとって偉大な親が居ると勉強にはなるだろうが、プレッシャーも相当な事だと思う。次の世代のヴィエディロマンスからも目が離せない。

3人の子供達

ワイナリーお勧めレストラン・ホテル
Ristorante le dune: http://www.le-dune.it/
Hotel Al ponte: https://www.albergoalponte.it/

ガッロファミリーと会食

〜フリウリ ヴェネツィア・ジュリア州〜

≪テルチッチ≫ Winery

Localita' Bucuje, 9, 34070
San Floriano del Collio（GO）

+39 0481 884920

https://www.tercic.com/

tercic

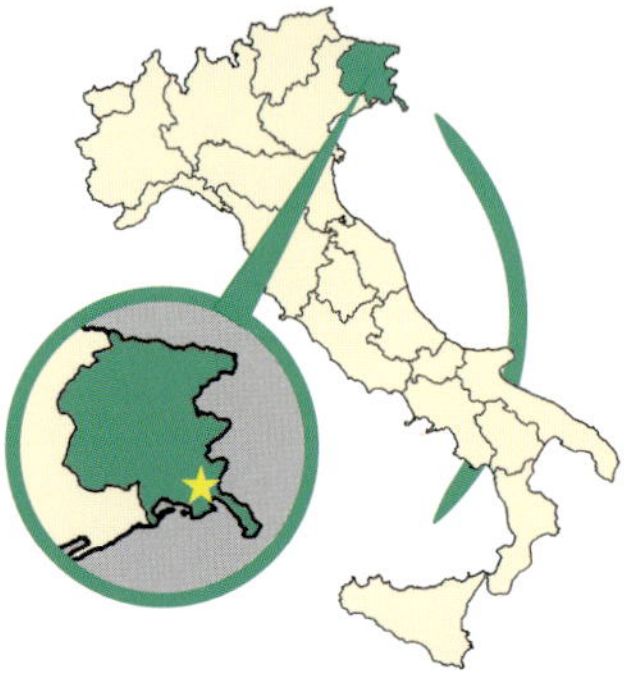

マティアズと母だけがクリュの畑を手がける

娘のアンナはマティアズの継承者

コッリオの土地柄

本書ではフリウリのワイナリーが4軒登場するが、中ではテルチッチが一番新しい仕事仲間である。といっても、もう10年になるので古い友人のような付き合いを今ではしている。テルチッチを紹介してくれたのはヴィエディロマンスのジャンフランコで、ジャンフランコとテルチッチのオーナー、マティアスとは師弟関係に当たる。ジャンフランコは既に書いているがイソンゾのワイナリー、テルチッチは銘醸ワインを多数産出するコッリオのワイナリーで、エリアは少し離れているが、絶大なカリスマ性を持つジャンフランコである、彼に師事するのも頷ける。マティアス自身、ワイナリーの3代目になるが、自身のワイン醸造の進むべき道を模索している途中にジャンフランコと知り合い、私同様に彼のワイン哲学に心酔しジャンフランコのワイン造りを学ぶことを決めたそうだ。

読者の方がご存じかは分からないが、テルチッチのあるコッリオはイタリア自然派ワインの聖地としてイタリアワイン好きの間では認知されている。理由はこの地域にジャンフランコ同様に、80年代から先進的なワイン造りをし、高いカリスマ性を持つヨスコ・グラヴネル氏がワイナリーを持っているからだ。ヨスコは若い時から持っている自らのワイン哲学で、時代の先を行くワイン造りで名を馳せた偉人でもある。イタリア人としては最も早くからアンフォラによる醸造をスタートさせた。それが90年代の終わりから2000年の初めである。現在、コッリオの生産者はヨスコの影響を受けたワイナリーが多く、地域の半数以上が自然派ワインを作るがマティアスは違う。ジャンフランコを師と仰ぎ、葡萄が本来持つ香りと味わいを如何にして表現するかを丘陵地コッリオで追求しているのだ。コッリオはイタリアとスロヴェニアの国境沿いに広がる場所で、両国に跨り葡萄畑を所有する生産者も多い

が、実は元々がオーストリア領だった場所なので、コッリオ人はスロヴェニア語を話す。この様な複雑な歴史もアルトアディジェ同様にワインの美味しさに影響を及ぼしていると考えたりもする。

私はマティアスをコッリオの天使と呼んでいる。彼は話をしていると澄んだ眼差しでずっと相手の目を見つめ、相手が分かるように言葉を選んでいる。純真無垢と言えば良いのか、本当に綺麗な心の持ち主だという事を感じさせる。師匠のジャンフランコもマティアスの事を、「あの素直な気持ちは素晴らしい。本当に心の綺麗な人間だ」と言っている。そんなマティアスの造るワインは、人間同様にクリアな香りとピュアな果実味があり繊細だ。コッリオは丘陵地なので、全ての畑は斜面にあり段々畑状に仕立てられるので、機械を入れる事が出来ない。全て手作業で手入れをするので、その作業たるや大変な労力が掛かる。ワイン造りが本当に好きでなければ、こんな大変な作業は誰もしないだろう。

「白」のお勧め

テルチッチのお勧めワインを選ぶのも難しいが、白は地場品種のブレンドワイン・ヴィノデッリオルティとシャルドネの樽熟成・プランタの二本、赤はメルロだ。まずオルティだがマルヴァジアイストリアーナとフリウラーノを使う。オルティとは野菜畑の事でワイン名を和訳すると「野菜畑のワイン」。この二種類の葡萄は同じ斜面に植樹されていて、熟成の時期がほぼ同じらしく一緒に収穫をし

セメ メルロー

ヴィノデッリ オルティ

カンティーナでの試飲風景

て醸造する。混植混醸のとても珍しいスタイルだが、コッリオのテロワール（地域の風土）をより感じさせてくれる。そしてプランタ、シャルドネ100%でステンレスタンクから醗酵を始め、途中でバリックへ移し変えて醗酵を終わらせる。そのままシュールリー（漬け込み）をして樽熟成を12ヶ月する、素晴らしい完成度を持つワイン。私から見ても師匠のシャルドネに限りなく近い品質をもつ逸品だ。

「赤」のお勧め

赤ワインはメルロ、これは少し詳しく説明したい。理由は師・ジャンフランコが羨むほどのメルロの畑を所有しているからだ。メルロの畑は二箇所に分かれるが、合わせても2haで樹齢も高く出来上がる葡萄の完成度が素晴らしい。また、砂質土壌のメルロの畑はプレフィロキセラだ。プレフィロキセラに関してはカンパーニャ州のファッロの所で詳しく書いているのでここでは省くが、かなり貴重なメルロの畑から葡萄を収穫している。また、メルロの畑は管理から最後の収穫まで、マティアス本人と現役で畑仕事をしている彼のお母さんの二人が担当している。80歳を過ぎて未だに現役で畑作業するお母さんは尊敬に値するし驚きだ。メルロは毎年醸造するが、特に良年しか醸造しない"SEME・セメ"が凄い。イタリアのメルロはトスカーナ州で造られる銘柄が世界的な評価を受け高額で販売されている。果実味が凝縮されたフルーツ爆弾のようなワインだが、マティアスの造るメルロは方向性が全く逆で繊細で優しい香りと口当たりを持つ。生産量も2000本以下と限られるので市場で見つけるのも困難で、ガイドや評論家の間で話題に上ることもないだろう。本書を読んで頂いた方はこれもご縁なので、是非セメを飲んでみて欲しい。

ワイナリーお勧めレストラン・ホテル
Locanda Devetak: https://www.devetak.com/
La Subida: https://www.lasubida.it/lasubida

〜フリウリ ヴェネツィア・ジュリア州〜

≪テレザライツ≫ Winery

Via della Roggia,
22, 33040 Povoletto（UD）

+39 0432 679556

http://www.teresaraiz.it/

TERESA RAIZ

　私のイタリアワインの出発地であるフリウリ＝ヴェネツィア・ジュリア州、今回も4軒のワイナリーを訪問した。過去、この州のワイナリー訪問軒数は10軒以上と多く、ワインの仕事を始める以前から、かなり足繁く通った州でもある。素晴らしい観光地も多く風光明媚で郷土料理も当然に美味しい（イタリアは何処でもそうなのだが）。州の商業の中心となるウディネ市には友人も住んでいた事もあり、地元住民並みに街には詳しくなっていた。

　フリウリはイタリアの他のどの州よりもアルコールの消費量が多い。また、イタリアを代表する蒸留酒・グラッパで有名な会社も数多く存在し、朝早い時間からカフェにグラッパを少量入れる〝コレット〟をする人をバールで何度も見ている。特に年配の方にコレットをする人が多く、なかなか強烈な印象を受けた。そして当然であるが、ウディネ市のチェントロ（中心部）には飲食店が多く、特にワインバーの多さには驚かされ、どの店も夜になると大抵は馴染み客で一杯だ。来客者は道路に溢れ出し、皆が楽しそうにワインを飲んでいる。多少の喧騒は警察も黙認だ。私も類に漏れず足繁く通ったワインバーが数軒あり、自分のワインライフの形成にかなりの影響を及ぼしたと言えるだろう。また、フリウリの人は身体が大きく、大酒飲みが多いのも身体の大きさに関係しているのだと思う。その事は歴史的な要因もあると思うが、東ヨーロッパ系の影響だろうか。西隣のアルトアディジェはドイツの影響が強いので、このエリアの人間も身体が大きいしワインの消費量も多い。イタリアは州により全てに多様性があって本当に面白い。

ワインの師匠

　テレザライツ社はディレナルド社同様に、私のポートフォリオの中では一番古い会社の一つであり、97年1月にワイナリーを訪問している。その時にお会いしたのが社長のパオロ・トゾ

社長のパオロ・トゾリー二氏と、息子で営業担当のアレッサンドロ

マルスーレシリーズ
ソービニヨン

デカノロッソ

マルスーレシリーズ
ピノグリージョ

リーニ氏だ。テレザライツのルーツを辿ると、パオロ氏の父君・ベピ・トゾリーニ氏から始まり、ベピ氏はイタリア全土に名を馳せる蒸留酒の名門・CAMEL（カメル）社を設立した名士でもある。そんな蒸留酒を造る名家に生まれ育ったパオロ氏だが、本人はワインへの興味が尽きずに、自分でワインの醸造がしたくカメル社の中にワイン部門のテレザライツを設立したのだった。会社名のテレザライツはパオロ氏の祖母の名前から取っている。

　私が初訪問をした時から、何故かは分からないがパオロ氏とは本当に気が合った。人の出会いとは不思議なもので、育った国や文化が違っていても一目で気が合う人間はいるものだ。歳は一回り以上離れているが、兄の様に気さくに接してくれていたし、今でもそれは変わらない、実に懐の深い人間だ。今思い返せば、最初に出来た私の「ワインの師匠」だと思う。パオロ社長自身、日本には3回の来日経験があり今でもかなりの日本贔屓である。優れた醸造家でもありビジネスマンでもあるパオロ氏、常に日本市場と自分のワイナリーの事情を照らし合わせて、品質第一は当然の事だがワインの価格をどうすれば良いのかも考えてくれている。2002年に通貨がリラからユーロに正式に変わり、大多数のワイナリーの価格は上がってしまったが、パオロ氏は日本での販売価格がどうなるかを重視してくれた（レナルド社の本文でも書いているが、フリウリのワイナリーは本当に有難い）。90年代の終わりから輸入が開始され、ロングセラーとして今でも売れ続けているマルスーレシリーズのピノグリージョは、当時の価格と今の価格が実に数百円しか変わらないがこれは本当に凄い事だと思う。他の多くのワイナリーが、同じ様に日本市場の事を考えていてくれたら、もっとイタリアワインは日本人に受け入れられていたかも知れない。

　さて、テレザライツのワインに目を向けると、マ

サンダニエーレはフリウリ名物の絶品プロシュット

畑とカンティーナを取材後はパオロ氏の17世紀築の邸宅を訪問

ルスーレシリーズはピノグリージョの他にソービニョンブランが日本には輸入されている。こちらも低価格・高品質の典型的なワインだ。マルスーレシリーズはフリウリのグラーベというDOC地域の畑から収穫された葡萄を使う。また、テレザライツではコッリオリエンターリ地域にも畑を所有していて、そこからはフリウリ原産の葡萄・リボッラジャッラを使ったワインを作っていて、こちらも日本へと輸入されている。イタリアの秋から冬にかけての風物詩でもある「焼き栗」に、フリウリの人はこのリボッラジャッラを合わせて楽しむとパオロ社長から聞いた事がある。もう一種類の個性的な白ワインがありソヴレイと言う。シャルドネベースの樽熟成ワインだが、ほんの数%だけピコリットと呼ばれる原産葡萄をブレンドに使っている。この品種を初めて耳にする方も多いと思うが、ピコリットはコッリオリエンターリ地域だけで栽培される非常に珍しい品種で甘口ワインしか造らない。また、この品種は実付きが非常に悪く、普通の葡萄収量の25%ほどしか収穫されない難しい品種である。テレザライツでも90年代で何度かピコリットの甘口ワインを造っていたが、継続的なワイン醸造が出来ないのでソヴレイのブレンドとして使い始めた。結果的にソヴレイの味わいに深みが増しワインの個性を際立たせた事は成功だったのではないだろうか。

　赤ワインも同様に、グラーベとコッリオリエンターリの畑からの葡萄を使い数多くのワインを造っているが、日本向けにメルロとカベルネをブレンドした樽熟成ワインを特別に醸造してくれた、名前はアルタイオと言う。そして、ワイナリーのフラッグシップであるデカノロッソと言う

キュベがある。デカノロッソは私がワインの仕事を始めた当初に、心の底から感銘を受けた最初のワインの一つと言って良いだろう。カベルネとメルロのブレンドで、18ヶ月の長期樽熟成をした名品である。その当時の私の知りうるフランスワインなら、絶対にこちらの方が美味しいと思った。20年経った今でも変わらない品質でテレザライツの面目を保っている。

パオロ氏には二人の息子がいるが、長男のアレッサンドロはワイナリーで働いていて、父親に代わり諸外国への営業面を担当している。アレッサンドロも来日経験があり、パオロ氏と同じ様に日本贔屓であり、テレザライツ社の経営方針は今後も全く変わらないと確信をしている。同社のワインが日本に初めて輸入されたのは、私がワイナリーを訪ねた97年から98年にかけてなので、既に20年以上に渡り継続して輸入されている。そこにはワイナリーとしての企業努力、難しいマーケットである日本市場の事を十分に理解した上で、高品質で且つ低価格なワインを造り続けてくれている賜物と言えるだろう。

ワイナリーお勧めレストラン・ホテル
Ristorante e Hotel La di Moret:
https://www.ladimoret.it/

村の旧家

〜フリウリ ヴェネツィア・ジュリア州〜

di Lenardo
DAL 1878

≪ディレナルド≫Winery

Piazza Battisti 1, 33050 Ontagnano,（UD）

+39 0432.928633

https://www.dilenardo.it/

ピノグリージョのブドウ

私がイタリアワインの旅を始めた最初の州がフリウリ＝ヴェネツィア・ジュリアだった。本書の序文に詳しく書いたが、イギリス留学中に特に親しくなったイタリア人がウディネ市の出身で、ワインの仕事を志す以前には何度か彼に会い来ていたので、この州のワインの背景など知らない中にもフリウリには大いに親しみを持っていた。彼はチェザレと言い、ウディネ市では大きな自動車関連の会社を経営していて様々なビジネス筋に人脈があり、その彼を頼りにしてワイナリーの紹介をして貰った。その時に初めて訪ねたワイナリーが、このディレナルドと先に紹介をしたテレザ

元は宿場として使われていたワイナリー全景

右がオーナーのマッシモさん

ライツだった。この時は1997年1月の事だったから、初訪問から22年以上経った事になる。決して短い時間では無いので思い返すと感慨深い。

ディレナルドは1887年から続く老舗ワイナリーで、現オーナーのマッシモで5代目になる（と記憶している）。息子・ヴィットリオも大学を卒業してからすぐにワイナリーに入り父親と一緒に仕事をしているので次世代のワイナリーも先ずは一安心だ。出会った当時のマッシモはワイナリーのオーナーでは有ったが、ワインに関する専門的な教育を受けた訳では無かったので、自分自身では畑や醸造面の管理をしてはおらず、全て専門のコンサルタントに頼んでいたが、当時からワイナリーの方針や将来の展望については全て自分で決めていて、私は彼の強い意志とカリスマ性を感じていた事は記憶している。それが今では醸造家も自分で兼ねている事には驚きを隠せない。おそらく畑の管理でも十分な知識の積み重ねが有る筈だ。ワインの醸造面について彼と話をした事があるが、全ては経験を積むうちに覚えた事で経験に勝る教育は無いような事を言っていたのだが、技術的な事になるので相当に努力を重ねた事だろう。

私の長いイタリア人との付き合いの印象でも、フリウリの人はとても実直で真面目な人間が多いと感じている。先に書いたが私がイギリスで最初に友人になったチェザレは、私と同じくラグビーを長くしていて（彼はイタリア20歳以下の代表にも選ばれた優れた選手だった）、その事がきっかけで話しをする様になったのだが、それ以外のことでも心で通じる何かが有ったのだと思う。余談になるが彼には私の日本における結婚式の立会人として来日もして貰っている。フリウリ＝ヴェネツィア・ジュリアは歴史的に見れば、別項で書いているアルトアディジェと同様にイタリア共和国に入った歴史が浅いので、イタリアと言うよりもフリウリとしての独自の文化がかなり根付いていると思う。

　さてレナルドが所在する場所は、フリウリではDOCとしての栽培面積が一番大きいグラーベと言われる広大な葡萄生産地域で、コッリオ(テルチッチ)・コッリオリエンターリ（テレザライツの一部畑がある）などの丘陵地のワイン生産エリアとは趣がかなり異なる生産地域でもある。グラーベはほぼ完全な平地で岩石が多く河川の堆積土壌として成り立っている事が分かる。丘陵地と比較するとかなり肥沃な土壌なので葡萄栽培には向いていて大量生産も可能だ。グラーベ地域のワイナリーを大別すると、大量にワインを作る生産者と、グラーベに位置するが高品質のワインを作ろうとする生産者と二つに分かれている。私が20年以上に渡り仕事をしている事からもレナルド社が後者である事はお分かりになるだろう。そして効率的に農作機などを導入すると労働コストが抑えられるので、品質を求めても価格を抑える事が可能である。従ってグラーベからは品質が良くて安価なワインを買う事が出来、日本で販売数量が多いフリウリのワイナリーはこのエリアが多いだろう。もちろん、レナルドもそれで成功を収めている。

　ディレナルドが成功を収めたもう一つの理由は、マッシモは早くから輸出市場に目を向けていた事だろう。現在でも生産量の80％以上を輸出が占めていて、その輸出量の50％以上がニューヨークやボストンを中心としたアメリカ東海岸で売られている。ラベルのセンスも抜群で、ワイン名の発想もひじょうにユニークだ。若い頃からセンスが抜群の素敵な青年だったと思う。レナルドの仕事を始めて20年以上になる。2002年にユーロに切り替わって以降だが、リラの時代に比してもワインの価格がとてもリーズナブルで消費者に十分に手の届く範囲で様々なワインを作っている。ワイナリーが高額な値付けをする上級キュベで

カンティーナを歩くマッシモ

さえ決して高価な訳では無く、彼のワインを好む初心者が次のステップへと簡単に進める事も魅力ではないだろうか。

　彼の作るワインの特徴は清潔感と果実味がしっかりとしている事だ。どの品種のワインでも香りがとてもクリーンで爽やか、品種が持つ特徴的な果実味がはっきりと感じられワインである。造っているワインの種類も多く、国際品種から地場品種まで、好みによって選択肢の幅が広い事もワイナリーの特徴だろう。そんなレナルド社のワインから私のお勧めを選ぶと次の様なラインナップで如何だろうか。

　白ワインは地場品種のフリウラーノを使ったTOH（トー）、日本には2001年に初めて輸入された歴史の長いワインだ。青リンゴや洋梨の果実香がしっかりと感じられ、同じ様に果実味もしっかりと乗っている、安価ながら満足度の高い1本で有る。

　ここで余談にはなるのだが「フリウラーノ」には少し残念な歴史があるのでそのことに触れておきたい。元々フリウラーノはフリウリ地方で昔から栽培されていた「トカイフリウラーノ」と呼ばれていた葡萄品種だった。全く関係ないと思うのだが東欧ハンガリーには国を代表する「トカイ」と呼ばれる甘口ワインがある。この発音が「トカイ」という理由からハンガリーのワイン協会とフリウリのワイン協会とが「トカイ」の名義をめぐる国際裁判に進展してしまい、2007年3月にフリウリ地方では「トカイ」の名称を使ってはいけない、との判決が出てしまい「トカイ」を品種名から外さなければならなくなってしまったのだ。ハンガリーの「トカイ」ワインは全く関連性のない「フルミント」と呼ばれる品種を使っているので全く別物のお酒であり、この様な判決になぜ至るのか私には全く理解出来ません。

　そしてもう1本はシャルドネの樽熟成・ファーザーズアイズ。これは日本で最も人気の有るレナルドのワ

ロンコノレ

ゴシップ

ジャスト ミー

ファーザーズアイズ

イン、樽熟成由来のしっかりとしたバニラやトーストの香り、パイナップルやバナナなどパワフルな果実味、今では数少なくなった典型的な樽熟成の白ワインだ。

赤ワインは初年度から輸入されたブレンドの赤・ロンコノレ。地場品種のレフォスコを50%使いカベルネソービニョンとメルロをブレンドし、フランチオークの木樽熟成を8ヶ月させた日本人好みの味わいで、本当に息の長いワインである。もう1本はメルロ100%の樽熟成ワイン・ジャストミー。完熟させてから選び抜いたメルロを使い、フレンチオークの木樽に18ヶ月と長い熟成を経てからリリースされるスペシャルなクリュワインだ。香りにはコーヒーやチョコレートが炸裂し、パワフルな果実味とのバランス感が素晴らしい逸品だ。

実はマッシモは20年以上に渡り日本へワインを輸出しているが、2019年現在、来日の経験がまだ無い。かなり稀なケースだと思うが本書出版の後、2020年1月末から2月初旬にかけて正式な来日が決定し、息子ヴィットリオと来日することになった。レナルド社のワインが輸入され始めて20有余年、素晴らしいワインを提供し続けてくれたマッシモなので、期待を持って迎えたく思っている。最後にフリウリ人はイタリア人の中でも特に体格が大きくバレーやバスケット、またラグビーもそうなのだが、プロの強豪チームが数多くある。そしてマッシモも身長は190センチ以上ありバレーボールの選手だったそうだ。

ワイナリーお勧めレストラン・ホテル
Ristorante Vitello D'Oro: https://www.vitellodoro.com/
Astoria Hotel Italia: http://www.hotelastoria.udine.it/

―トレンティーノ アルトアディジェ州―

KELLEREI BOZEN
CANTINA・WINERY

≪カンティーナ・ディ・ボルザーノ≫ Winery

Via San Maurizio, 36, 39100 Bolzano (BZ)

+39 0471 270909

https://www.kellereibozen.com/it/

↑ボルザーノ外観　↓バリカイアでは照明の演出

アルトアディジェの地域的な歴史とワインの特徴は、ストラッセルの紹介でも書いたが、もう少しだけアルトアディジェのワインについて考察したい。

人気の理由

アルトアディジェのワイン生産地域は、概ね四箇所に区分されていると考える。このカンティーナ・ディ・ボルザーノがあるボルザーノ市周辺、東側はストラッセルのあるヴァッレイサルコ、西側はテルラーノがあるヴァッレヴェノスタ、南側はトラミンがあるカルダロ湖周辺である。当然、各地域に著名な素晴らしいワイナリーが何軒もあるが、そのほとんどが協同組合形式で運営されている。これがアルトアディジェのワイン造りの大きな特徴の一つである。

ストラッセルの紹介で、アルトアディジェは元々がオーストリアなので、日本人がイメージするドイツ人気質が強い事を書いたが、それがここに現れている。協同組合の理念は、組合員が協力して目的に向かい物事を成し遂げる事、組合員の一致団結する気持ちがないと上手く事が進まない。この地域はそれが完全に機能しているのだ。協調性に秀でる私達日本人には、それがどの様な事なのか、よく分かると思う。成果主義ともいえるが、例を挙げるとボルザーノには350を越える組合員がいるが、それぞれの会員は持っている畑の大きさや状況がかなり異なり、栽培品種も多岐に渡っている。他州の協同組合はどちらかといえば、葡萄の質よりも量を重視する傾向にあり、会員も葡萄を沢山作ろうとする。これは普通の野菜や果物では通用する事であるが、醸造用の葡萄には十分な糖度と酸度が必要なので、ただ闇雲に作れば良いというものではない。ボルザーノでは量よりも質を重要視しており、糖度の高い葡萄ほど高く買い取る様になっている。もちろん、その為の指導や研究は会社の責任者と組合員が共に研究・話し合いをしている。会員全員がより良

多くの畑は急傾斜で全てが手作業

い葡萄を作るための努力を怠らず、会社にとってもより良いワインが造れる事になる。このエリアのワインが素晴らしい事は、これでご理解頂けるだろう。

カンティーナ・ディ・ボルザーノは先にも書いたが、350を越える会員がいる。これはアルトアディジェ全体でもトップ3に入る大規模なワイナリーで、年間に300万本以上のワインを造り、それがほぼ全て年内に売り切れてしまう。最大の人気の理由はワインの品質の高さにあるが（これは他の著名協同組合も同じ）、もう一つの大きな理由は、販売価格がリーズナブルなこと。このエリアで栽培される葡萄の品種は、赤葡萄・白葡萄共に、地場品種・国際品種があって多彩、そして、単一品種のワイン、ブレンドワインを合わせると相当な数に上り、安価なテーブルワインから高価な有名ワインまでひじょうに幅広い。ボルザーノでは、他のワイナリーが持っていない地場品種の有名な単一畑ワインも造っているが、それでも十分に入手し易い価格で販売されているのだ。また、国際品種から造られる単一畑のクリュのシリーズも、他の有名なワイナリーに比して安価だ。また、2018年末にアルトアディジェ随一といえる、新しい本社カンティーナが完成し、2019から本格的に稼働

醸造家ステファン・フィリッピ

300万本以上の生産能力

し、醸造面のポテンシャルもほぼ倍近くになり、益々ワインの品質が充実する事になった。

ボルザーノは盆地

ボルザーノ周辺のワインの特徴には、地形が大きく影響している。ボルザーノ市を地図で見ると、山梨県の中央市街部や京都市中央部の様な、完全な盆地となっている。市を中心に見ると三方が完全に丘陵地（山間部）に囲まれ、夏と冬の気温は激しい、夏は昼夜の寒暖差が激しい、という具合だ。私たちは今回の取材でボルザーノに6月末に訪問したのだが、当日の気温は驚くべき事に45度だった。この気温は少し異常としてもイタリアで猛暑日があると、必ず名前が上がるのがボルザーノ市、フィレンツェ（ここも盆地）やシチリアのパレルモなどと同じ気温になる事がしばしばあるほどに夏の気温が高くなる。最北のイタリアでありながら、赤葡萄の熟成が完全に可能なのだ。街の北側の背後にはヨーロッパ南アルプスがあり、夜間には冷たい風が北から吹いて来て大きな寒暖差が生まれる。この事から白葡萄の香りと酸度がしっかりと保たれる。イタリア最北端の州といっても、この様な特徴があるのだ。結果、素晴らしい葡萄栽培から最高品質のワインが産出される。

カンティーナ・ディ・ボ

ルザーノは、１９００年初めから活動をしていた協同組合２軒が、１９９０年に合併をして今に至っている。一つがサンタマッダレーナ。アルトアディジェを代表する赤ワインの名称にもなっている丘の名前で、更に標高が上がる丘陵地では斜面を利用した素晴らしい品質の白ワインも造っているエリアの組合だ。もう一つがグリエス、修道院の名前で古くから地場の赤葡萄であるラグライン種で有名なエリアの組合である。両組合ともにボルザーノ市内にあった事で、合併後の会社名が市の名前と同じになった。合併後、ボルザーノをここまで素晴らしい会社へと成長させたのは二人の有能なトップに加え、ドイツ人気質の有能なスタッフが居たからである。ツートップの一人は来日経験もある醸造家、ステファン・フィリッピ氏、事務方トップのクラウス・スパレル氏、両名との付き合いもすでに15年に近い。日本人に通じる仕事の細かさ、思いやりを持った方達だ。特にステファンは私のワインの師の一人でもある。

　ステファンの父君はサンタマッダレーナの醸造家を長年務め、血はステファンに受け継がれ、ステファンの娘さんも醸造家という家系である。このエリアのワイン造りの特徴は、ステファンから学んだ事がほとんどであり、何故、アルトアディジェがイタリア最良の白ワイン生産地なのかを教えて貰った。おそらく、この本の中でも何回か書いていると思うが、私は人から好きなワイン、ワイン生産地の質問をされると「白はアルトアディジェ、赤はトスカーナ」と答える。

　私がお勧めするボルザーノからのワインを選ぶ訳だが、これが至難の業になる。何といっても、造っているワインの種類が多い、その上、品質が軒並み高いからだ。白葡萄はそれぞれの品種の個性が際立ち、香りと味わいが全て異なり、赤も同様に国際品種から地場品種まで多岐に渡る。品質が高い故、悩ましいセレクト

見学者コースから見る巨大なタンク群

モダンなショップ

タベル　デッラーゴ　フックアンバッハ　モック

になる。そういっても選ばなければならないので、ここは決め打ちで、白・赤、各二つずつ選ぶようにする。白はピノビアンコ・デッラーゴ、そして、ソービニョン・モック。赤はサンタマッダレーナクラシコ・フックアンバッハ、そして、ラグラインリセルバ・タベルだ。

世界レベルのモック

ピノビアンコはアルトアディジェで最も多く栽培され瓶詰めされる、このエリアのテーブルワイン的な存在だが、このデッラーゴは単一畑から厳選された葡萄のみを使う上級ワイン。青リンゴの味わいが特徴的なピノビアンコではあるが、デッラーゴはこのエリアの特産赤りんご、マルレーナの味わいがある。そして、ソービニョン。シャルドネ同様に世界中で素晴らしいワインが造られる品種である。アルトアディジェの特徴だが、香りは完全なパッションフルーツ、ニュージーランド産の良いものと同じ様に香しい。味わいもトロピカルフルーツのテイストが多くあり果実味がしっかりとしている。ソービニョンではアルトアディジェ全体で、世界レベルの素晴らしいものが何本か造られているが、モックは価格もリーズナブルで、コストパフォーマンスを見れば随一かと思っている。

赤ワインはアルトアディジェのローカル酒であるサンタマッダレーナ。スキアーバ種、ラグライン種のブレンドで85—90%はスキアーバ。聞きなれない名前かと思うが、単一ワインで仕上げると赤ワインながらロゼ程度の色調しか出ないし味も薄く、アルコールも

フックアンバッハに到着

フックアンバッハの畑

低い。赤ワインの構成要素として大切なタンニンもほぼない、という珍しい品種だ。これに地場品種として尊重されるラグラインをブレンドさせてワインを造る。現在、世界的な市場で好んで飲まれる〝薄・旨ワイン〟の典型である。これを単一畑で造り上げるフックアンバッハがお勧めの1本目だ。ノーマルのサンタマッダレーナよりも、ずっと凝縮度があり、飲みごたえも備えた逸品。イタリアで作られる土着品種ガイドで、毎年最高の評価を受けている、このワインを代表するものである。

モックの生産者

　そして、アルトアディジェ最高のラグラインワインであるタベルだ。ボルザーノ市中心部から少し離れた修道院を中心としたグリエスという村にグリエス協同組合があった。そこにラグライン最高の葡萄畑群が広がり、タベルの単一畑が存在している。ラグライン種は、水捌けの良い砂質・粘土質の低地を好む品種で、丘陵地での栽培には向かず、このエリアのみで栽培される葡萄だった。今では住宅地に変貌してしまったグリエス村だが、昔からラグラインの葡萄畑として名の通った区画のみ、タベルの様に畑名が付いて残っている。タベルも僅かに2ha弱しか無いが、樹齢は100年に近いものが何本も残っている。それだけでも一見の価値はあるので、ぜひ足を運んで欲しいと思う。

　最後にアルトアディジェは食の町としても、日本の皆様には強くお勧めしたく思っている。まず、どのレストランに入っても大抵美味しいものが供される。ドイツ食文化の影響を残すアルトアディジェの郷土料理もそうだが、日本人が好む少量・多皿、見るも美しいスタイルの料理も素晴らしい。私はイタリアでの居住ベースはトスカーナ沿岸部だが、アルトアディジェには冬以外、住んでみたいとずっと思っている。私がトスカーナの次に愛するアルトアディジェ、全てに日本人に相通ずるものがある。

ワイナリーお勧めレストラン・ホテル
Torattoria Patauner: http://www.restaurant-patauner.net/
Hotel Post gries: https://www.hotel-post-gries.com/

〜トレンティーノ アルトアディジェ州〜

STRASSERHOF

WEINGUT.TENUTA

≪ストラッセルホフ≫ Winery

Zona Unterrain, 8, 39040 Novacella (BZ)

+39 0472 830804

https://www.strasserhof.info/en

ストラッセルホフ外観

アルトアディジェでは最も標高の高いワイン生産地域・ヴァッレイサルコにワイナリーはある。アルトアディジェはイタリア最高の白ワイン生産地だ。もちろん、赤ワインでも素晴らしいものが幾つもあるが、それは標高が低めのボルザーノエリアの話しで、ヴァッレイサルコのワインを語るなら絶対に白である。

まずアルトアディジェのワインを語る前に、少しだけ歴史を振り返りこの地域について考えてみたい。イタリアが国家として定めた州としてアルトアディジェは、トレンティーノ・アルトアディジェ州といわれる。しかし、トレンティーノとアルトアディジェは、

↑小規模だが効率を考えられたカンティーナ　↓ブレッサノーネを望む

オーナーのハンネス

歴史的にも人種的にも異なる二つの国家だった事を考えると、少し乱暴な言い方になるが、時の政府の都合で無理やり併合して州として成立させてしまっている（としか思えない）。イタリアの歴史自体、ローマ時代から始まるとして非常に複雑で難しく、19世紀の半ばを過ぎてからやっと今のイタリアらしい国家が出来た。この時はまだアルトアディジェはイタリアには入っておらず、オーストリア・ハンガリー王国の南に位置して南チロルと呼ばれていた。それから第一次世界大戦後の1919年にイタリアに編入され、今の形になったのでイタリア共和国としての歴史は僅か100年しか経っていないのだ。州は一つといっても、行政区分がトレントとボルザーノの二つの市に分かれている事からそのまま分かるように、トレントはイタリアでイタリア語を話し、ボルザーノはオーストリアでドイツ語を話す。イタリア人とドイツ人の違いが、仕事のスタイルや物事の考え方など全てに現れているので、私の中では二つの事なる州（地域）と考えており、ワインも当然のように分けて考えている。

イタリアの最北

前置きはこのくらいで、本書には二つのアルトアディジェのワイナリーが登場するが、こちらはアルトアディジェの中でも異彩を放つ地域だといえる。ヴァッレイサルコはアルトアディジェの最北東・ブレッサノーネ市を中心に広がった丘陵地で畑の標高がかなり高い。下は400Mから上は1100Mまで縦に伸びるのが特徴かと思う。イタリアの最北でもあるので、冬の気温はマイナス20度にもなるし、真夏でも30度を越える程度で、冬のリゾート地でもあり、夏の避暑地でもある、風光明媚という言葉がまさに当てはまる。

ヴァッレイサルコのワイン造りの特徴は、殆どのワイナリーが、ほぼドイツ系の白葡萄品種しか造っていない事だ。赤葡萄は国際品種を造っているワイナリーもあるが、メインはドイツ系のツヴァイゲルト。ストラッセルでもツヴァイゲルトを造ってはいるが、ほぼ自家用のワインなので輸出はしたくない、と言われ、未だに日本では飲む事が出来ない。ワインを見てもらえれば分かるように、イタリアの地場品種でワインは作られていない、かなり珍しい地域である。ヴァッレイサルコには20軒ほどのワイナリーしかなく、2軒の大きな共同組合ワイナリーがあり、その2社だけでエリア生産量の50％を造り、小さな葡萄栽培農家は、この大きな会社へ葡萄を売る（またはワインを売る）小作農的な仕事で成り立っていた。元々、ストラッセルも父親の代までは小作をしていたが、息子・ハンネスになってから自社瓶詰めを開始した。規模も小さく、本当の家族経営のワイナリーなのだ。

お勧めの二本

ストラッセルのワインの特徴は、書いてきたような標高の高い畑で栽培された葡萄から、果実味が強いというよりは、タイトな酸味が主体でミネラル感が強く、数年の熟成で真価を発揮するタイプ。そんな白ワインのオンパレードだ。酸が高くミネラルがしっかりした長熟のワインが、このエリアの特徴で、それがヴァッレイサルコのテロワール（エリア）だ。

そんなストラッセルのワインの中で、私が特にお勧めしたいものはこの二本にしたい。

一つはケルネル、ヴァッレイサルコの代表的な品種として考えられていて、評論家・ガイド誌で最も高く評価されている品種だ。また、このエリアを代表する品種がもう一種あり、それがグリューナーフェルトリーナー。ストラッセルでも造っているので、興味を持たれた方はこちらも飲んで頂きたい。そして私が勧めるもう一つがシルバーネル。意外と思われる読者の方もおられるだろうが、ワイナリーで最も樹齢が高い葡萄の樹がこれで、両親のイニシャルをつけた樽熟成のスペシャルワイン・アニョーがそれだ。この品種がワイナリーのテロワールに最も合っていたからこそ、ずっと造り続けている証しでもある。

現オーナーのハンネスはまだ若く、これから先も更に経験が積める。今後も素晴らしいワインを造り続けて行く事は、私がお約束しよう。ワインのテイストは大人の味わい、ぜひ、経験して欲しいワイナリーだ。

ワイナリーお勧めレストラン・ホテル
Hotel e Ristorante Pacher:
https://www.hotel-pacher.com/

左 シルヴァーネル　右 ケルネル

〜 ヴ エ ネ ト 州 〜

《レ マンザーネ》Winery

Via Maset, 47, 31020
San Pietro di Feletto (TV)

+39 0438 486606

https://www.lemanzane.com/

LE MANZANE®
to be happy

CAMPAGNA FINANZIATA AI SENSI DEL REG. UE N. 1308/2013
CAMPAIGN FINANCED ACCORDING TO EU REGULATION N. 1308/2013

マンザーネ外観　　マンザーネの未来は明るい

現在、イタリアで最大の輸出量を誇るプロセッコ。イギリスやアメリカなど世界の最大のワイン消費地で爆発的に売れている。2010年にDOCGへと昇格をして世界的に認められるイタリアを代表する発泡酒として認識された。DOCGへの昇格を契機として栽培面積が拡大し、古くからプロセッコを造っていたクラシコ的な地域以外も生産地域として認められ、ヴェネト州からフリウリ州の一部までプロセッコ用の葡萄栽培が可能になった。

ここで併せて書いておきたい事がある。プロセッコはワインの名前であり葡萄品種でもあったが、DOCGの規定でワイン名に品種名

オーナーのエルネストも畑では表情が変わる

工夫が凝らされた最新設備

を名乗る事が出来ないので葡萄品種も変わりグレラと呼ばれている。元々はヴェネト州トレヴィゾ県のコネリアーノからヴァルドッビアデネの丘陵地で葡萄栽培がおこなわれていたが、この地域がDOCGプロセッコを造る事が出来る限られた地域となり、それ以外の広大な面積でDOCプロセッコを造る。ワイナリーの数はかなり多かったがそれがさらに増え、グレラ種の栽培面積も拡大された事により、生産本数の増加ももの凄い数字である。

私がプロセッコの生産者、レ・マンザーネのオーナー、エルネストと会ったのは2006年なので、もう13年になる付き合いだ。実は私、マンザーネに出会うまでプロセッコで美味しいものは数が少なく、美味しいプロセッコを造っているワイナリーはほとんどが日本に輸出されているだろうと思っていた。エルネストを紹介してくれたのは、本書にも登場するフォッソコルノのオーナー、マルコ・

スプリンゴブルー
20·10
スプリンゴブロンズ
プロセッコDOCG

ビスカルド氏だ。マルコの本業はドイツへイタリアワインを紹介する事で、その規模は日本の大手ワイン専門商社とほぼ同規模で巨大だが、内容的には私と同じような仕事で成功を収めた人物である。家業はマルコ氏の父親が始めたが、父親の急逝でマルコが会社を受け継いだ。マルコから「美味しいプロセッコの会社と仕事をしていて、日本には輸出されていない。興味があったら紹介するよ」との話しから始まった。

レマンザーネ設立

ワイナリーは1950年代に現オーナー、エルネストの父親が基礎を作り、レマンザーネはエルネストが1984年に設立した。葡萄栽培農家から自社瓶詰めを開始したのだ。私が感じるところでは、エルネストもかなりの才覚に溢れた人物で陽気さの中には深い洞察や研究心を持っている。ファッションも個性的で眼鏡のコレクションは相当なものらしい。性格はずい分違うと思うが、私が尊敬するジャンフランコに近い人間的な感覚があり、奇才といっても良いかと思う。それは今のマンザーネのワインラインナップにも表れている。現在は72haの畑を有するワイナリーとしてベースのDOCレンジから上級のDOCGレンジまで幅広いセレクションで成功を収めている。

ショップは楽しい雰囲気

プロセッコに感激

初めてマンザーネのプロセッコを飲んだ時の感激は忘れる事が出来ないほど強烈だった。あまりの美味しさにこの品質なら私が日本市場で頑張って紹介する価値があると即座に判断出来るものだったからだ。2000年代の終わりまでは、プロセッコの多くは決して良い物ばかりではなかったので、世界中で今のように受け入れられてはいなかったので生産者も販売には結構苦労していたのでエルネストにとっても新しい日本市場には興味があった事だろう。お互いの考えの一致も見出す事が出来、まだ無名なワイナリーだったので価格も低く、かなりコストパフォーマンスに秀でたプロセッコとして扱う事が出来た。

マンザーネのプロセッコが何故ここまで美味しいのか、その理由は泡のキメ細かさにある。エルネストはスプマンテをする為の工程、（二次醗酵の期間）が他社よりも長い事が挙げられる。他社のDOCレンジは二週間で止めてしまうところを一か月近く行う。DOCGレンジは更に長く二か月以上かけて行う。それだけ手間が掛かっているからだ。プロセッコはシャルマン式で造るので二次醗酵の期間が長い方が泡がワインに溶け込み、よりキメ細かさを感じる事が出来る。

日本に向けて出荷

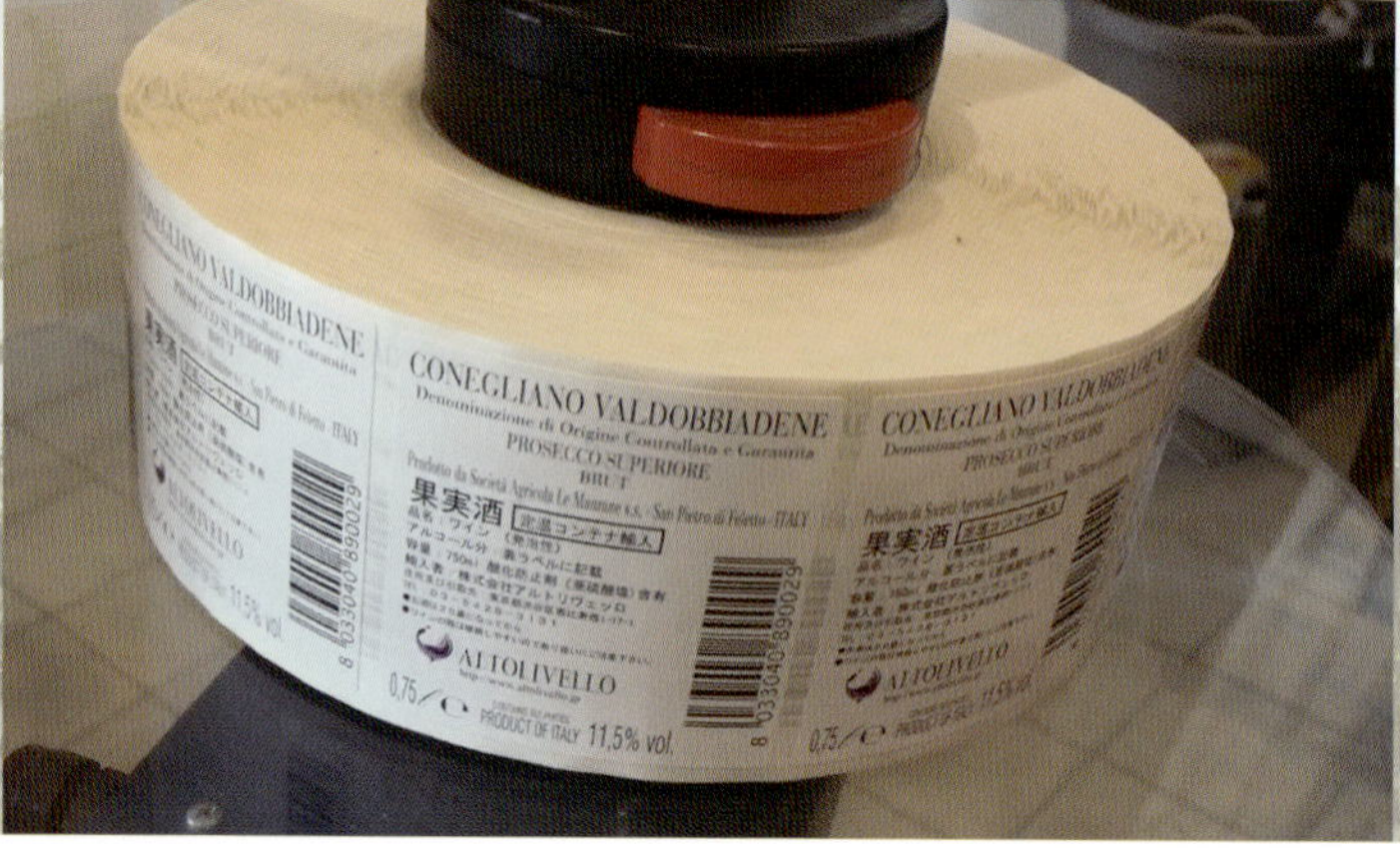

私がお勧めするマンザーネは20・10というDOCGのレンジである。20・10とはプロセッコがDOCGに昇格した年であり、その年を記念してエルネストが満を持してリリースした初の上級キュベだ。20・10にはヴィンテージの記載もする。また、DOCG地域の畑を細分化し小さなエリアごとの葡萄でプロセッコを造るプロジェクトを、プロセッコ協会が力をいれて取り組んでいる。その小さな地域はRIVE（リーヴェ）といい、単一畑と同じ考え方で葡萄を造り、よりエリアの個性を出す方向で醸造を始めた。マンザーネでも二種類の最上級キュベとして、ブロンズ・ブルーとしてリリースしている。これもかなり美味しい物なので探す価値はあるだろう。

ワイナリーお勧めレストラン・ホテル

Hotel e ristorante Ca del Poggio:
http://www.cadelpoggio.it/

親子3代の笑顔

愛娘のアンナは醸造学を習得

オーナー夫人

― ヴェネト州 ―

≪サンタアントニオ≫Winery

Via Monti Garbi, 37030
Località San Briccio, Lavagno (VR)

+39 045 874 0682

https://www.tenutasantantonio.it/it

Tenuta Sant'Antonio
FAMIGLIA CASTAGNEDI

サンタントニオ外観

110haの畑を所有

ヴェネト州の代表ワインであるアマローネとソアベから、素晴らしいワインを造り続けているサンタアントニオとの出会いは、いささか変わった経緯でマッキオレのエウジェニオから紹介をしてもらった。マッキオレのエウジェニオと親しくなってから、イタリア国内の様々なワインの情報を彼から聞くようになり、ボルゲリエリアを始めトスカーナの事はもちろんだが、他州の優良な生産者情報も教えてもらった。1990年代の終わりからマッキオレも有名になり始めて、ワインが有名になれば同じ様に有名な生産者との交流も増え、いわゆるビッグネームが話の中に出て来るようになった。サンタアントニオの事をエウジェニオに語ったのは、ヴェネト州アマローネの二大ワイナリーの一つであるロマーノ・ダルフォルノ本人だった。ロマーノはエウジェニオに「つい最近設立された若い兄弟が始めたワイナリーが近くにあって、アマローネとソアヴェではすごく良いものを造り始めている。将来的にかなり注目されるだろうから、今からサンタアントニオのワインを知っておくと良いと思う」と教えてくれたそうだ。その話をエウジェニオが私にしてくれて、すぐにワイナリーに連絡を取った事はいうまでもない。おまけにロマーノとも知り合うこと

名前の由来 聖アントニオ

もう一つのシンボルは丘に建つ十字架

が出来、一般にはワイナリー訪問を受け付けないダルフォルノへの訪問まで実現出来たのである。余談だが、私がロマーノと初めて会った時、エウジェニオと親交を持つくらいなので性格は似ていると感じた。話の全てに厳しさがあり少し壁を作るような孤高な性格の持ち主で、何故彼のワインが世界中から高評価を受けるのか、ワイナリー訪問を滅多に受け付けない理由も分かった気がした。

四兄弟の結束

サンタアントニオの名前の由来は、ワイナリーが所在するモンテガルヴィという丘の上の葡萄畑の中に聖アントニオを祀る祠があり、また、ワイナリーの礎を築いた現オーナー兄弟の父君がアントニオという名前だったからである。現オーナーは4兄弟の名前が連なり、4人で役割分担を決めて運営をしている。長男・アルマンドがイタリア国外の営業面を、次男・パオロはエノロゴで醸造面を、三男・ティツィアノはイタリア国内の営業を、四男・マッシモはアグロノモで畑の管理を担当している。ワイナリーの設立は1995年なので、それほど長い歴史がある訳ではないが、四半世紀経った今では設立当初の3倍以上の大きさになり、世界的な評価がかなり高くなっている。これだけ名声を得ると兄弟

四兄弟の写真を背に四男マッシモ

喧嘩の一つでも起きて会社が分裂しそうなものだが、全くそのような話は聞いたことがなく、実に素晴らしいといつも感心している。

サンタアントニオはヴェネト州の代表的なワインであるアマローネもソアヴェも醸造している。この二つのワインはそれぞれに古くからワインが造られているクラシコと付けられる地域があるが、サンタアントニオはいずれもクラシコには属していない。ワインのスタイルは、若い生産者ならではの伝統と革新の融合をさせたモダンなスタイルだ。今では110haに及ぶ広大な葡萄畑を所有し数多くのワインを造っているが、どのワインを取って

順調な生育　　地域独特の仕立てで栽培

ラ バンディーナ　モンテ チェリアーニ　カンポデイジッリ

みても品質は安定して素晴らしく、生産量も多いので価格も安定している。品質を向上させるためのカンティーナへの設備投資は終わりがなく、葡萄の絞り汁（モスト）を酸化させない工程を確立させた。葡萄プレスから醗酵まで完全に酸素をシャッタアウトしている。この様な完全な状態で、全行程ワイン造りを行っているのは他にはヴィエディロマンスだけではないだろうか。この場でも書いておくが葡萄が本来持っている香りを生かすために、最も大切なことはモストを酸化させない事だ。

種類が豊富

サンタアントニオのワインは種類が多くワイナリーの基礎となるソアヴェが三種類、ヴァルポリチェッラが三種類、アマローネが三種類の九種類をベースとしてワインを造っている。それぞれにライト・ミディアム・フルの三タイプがあり、非常に選び易いラインナップだ。この他にＩＧＴカテゴリーのワインが六種類以上あるので、一つのワイナリーとしては相当に種類が多いが、それだけ彼らのワインの需要が高いことの裏返しでもある。

　私がお勧めするワインを各種類から選ぶことにする。ソアヴェはミディアムレンジになるがソアヴェ・モンテチェリアーニだ。3・5haのモンテチェリアーニと呼ばれる単一畑のガルガネガ100%から作られる。平均樹齢も35年と高く、最も良い状態にあると思われる。ソアヴェクラシコのエリアならば相当に有名な畑になっていたと思われるし、価格も高騰したことだろう。熟成面でも高いポテンシャルを持っている。普通のソアヴェは熟成をさせるようには作られないが、優良な生産者の上級ワインならば10年前後は可能である。私もこの5年の間で、2005年から10年にかけてのモンテチェリアーニを数回飲んでいるが何れも美味しかった。

次にヴァルポリチェッラはトップレンジのラ・バンディーナ。アマローネに近い凝縮感を持ちながら酸味がしっかりとある、タンニンのキメが細かい繊細さを併せ持つ長期熟成可能なワインだ。カンティーナがあるモンテガルヴィの丘の樹齢が25年以上の葡萄を使い醸造、2年以上の樽熟成を経てリリースされる。1997年から造られている歴史のあるワインで、私は初期の頃からこのワインのファンである。

最後はアマローネ。もちろんトップのカンポディジッリを選んだ。サンタアントニオを有名にしたワインといっても過言ではないだろう。このワインを造る畑は、古くからある伝統的なペルゴラヴェロネーゼ仕立て。平均樹齢も45年と高く、中には80年に近い葡萄樹も見ることが出来る。味わいの凝縮度は別格で余韻もかなり長い。このワインが一級品である事は飲んで頂ければ分かるだろう。孤高の生産者ロマーノ・ダルフォルノがサンタアントニオに注目したことも頷ける。

ワイナリーお勧めレストラン・ホテル
Ristorante Le Cedrare:
https://www.lecedrare.it/
Hotel I Tamasotti:
https://www.itamasotti.it/

見晴らしの良い試飲室

〜 ヴ ェ ネ ト 州 〜

≪コルテフィガレット≫Winery

Via Clocego, 48, 37142 Poiano

+39 335 839 0747

https://www.cortefigaretto.i

corte Figaretto

コルテフィガレット外観　↓照明もスタイリッシュなカンティーナ

傾斜地にある畑の側面は石積みに

アマローネのベースとなるヴァルポリチェッラについてはサンタアントニオの本文で少し触れているが、クラシコと名乗る昔からこのワインを造っている地域の他に、サブゾーンとして名前が入るヴァルパンテーナという地域がある。フィガレットはこちらの地域に所在する。ヴァルパンテーナはサブゾーンとして名前が入るくらいなので特別な気候条件があり、アルプスからの冷涼な風の影響を受ける。ヴェローナの北側の北から南に開けた渓谷に沿ってヴァルパンテーナがあり、この地域はワイナリーの数も少なく中でもフィガレットが最も小さなワイナリーだ。

百年を超える歴史

コルテフィガレットの設立は2004年と新しいが、祖父の代から葡萄栽培を行っていて、葡萄農家としての歴史は長く百年を越えている。元々はヴァルパンテーナで最も歴史の長い貴族が所有しているワイナリーベルターニ社のために葡萄栽培をしていたが、三代目のマウロが独立して自社瓶詰めを開始した。所有する畑も10haと小さく全ての畑をマウロ自身で管理している。彼は全てにおいて研究熱心でワイン造りへの情熱は素晴らしい。全ての葡萄畑に雹《ひょう》を避けるためにネットを張り巡らせた。数年前の雹害で葡萄の木が

オーナーのマウロ・ブスタッジ氏

雹から守るネットを全ての畑に設置

葡萄の陰干しに必須の送風機

大きなダメージを受けたからだ。一部の樹齢の高い畑や重要な単一畑のために手入れをするなら分かるが、全ての畑にカバーをかけるなど普通で出来る事ではない。また、彼はワインを熟成させるための木樽はバリックからボッテまで、自らがフランスに赴き木樽を造る業者と一緒に森へ行き木までを選ぶ。その後、樽を造るための工程もマウロ本人が決めている。全てが自分の理想とするワインを造るためだ。彼の理想とするワイン、簡単に表現するのは難しいが「ブルゴーニュワインのようなアマローネを造る事」だそう。一般にイメージするアマローネは陰干しをして水分を飛ばし、凝縮度を上げた葡萄からワインを造るので繊細なイメージよりはずっとパワフルなものだが、マウロはパワフルさの中の繊細さを追求している。

食事との相性

アマローネはその凝縮度ゆえ、一般的には食事に合わせにくいワインとして考えられるが、マウロはその壁を壊そうとしている。例えば偉大なピエモンテのネッビオーロワインやトスカーナのサンジョベーゼワインは州を代表するワインだが食事に合わせて楽しめる。ヴェネト州を代表するアマローネも食事に合わせて真価を発揮するといわれるための努力を惜しまない。実際、フィガレットのアマローネは法規定通りにワインを造るが、味わいは繊細であり料理との相性も素晴らしいのだ。マウロの理想は徐々に完成に近づい

グラール

アチニアメニ

眺めを独り占めできる巨大なベンチ

ているように思う。

私のお勧めワイン。これだけアマローネの事を書いてきたが、ワイナリーのベースとして造られるヴァルポリチェッラにアマローネで使った葡萄を再利用する一風変わったワインのリパッソ・アチニアメニだ。アマローネの為の葡萄は陰干しをして糖度を上げる事には触れているが、醗酵後の葡萄でもまだ若干の糖分が残っていて、それをヴァルポリチェッラの中に入れると再醗酵する。リパッソは2回通すという意味で、同じ葡萄を2度使うエコなワインともいえるだろう。

このワイン、再醗酵させると香りに酸化臭が出る事が多いが、フィガレットのリパッソはそれがなく果実の豊かな香りが素晴らしい。また、マウロは上級のアマローネも造っていて、そのための葡萄は房から外側の耳の部分だけを切り取り、その小さな房を陰干ししてワインを造る。名前をグラールという特別なアマローネである。

ワイナリーお勧めレストラン・ホテル
Hostaria La Poiana:
Via Segorte 7 Poiana (VR)
+39 045 870 1232
Maso Maroni: https://
masomaroni.it/luxury-rooms/

奥様と遠くに見えるヴェローナ

―ピエモンテ州―

Monchiero Carbone

≪モンキエロカルボーネ≫Winery

Via S. Stefano Roero, 2, 12043 Canale (CN)

+39-0173-95568

http://www.monchierocarbone.com/

私とモンキエロカルボーネとの出会いも古く、99年から共に仕事をしているので20年になった。当時、モンキエロが所在する生産地域ロエロは、日本では全く知られていなかった。ピエモンテにはバローロ、バルバレスコの2大銘醸地が有名で、ロエロはその陰に隠れた存在だったしワイナリーの数も今ほど多くはなかった。モンキエロを知るまでは、ロエロがどの様な場所なのかも知らなかったし、この地域のワインを飲むまでは関心が無かったといって良いだろう。

先ずはモンキエロが所在するロエロ地域とバローロなどが作られるランゲ地方との関わりを書こう。ピエモンテにはワイン醸造の法規制を最も厳しく受けるDOCG赤ワインが数多くある。最も有名なものは前出のバローロ、バルバレスコである。これに2005年のヴィンテージからDOCGに加わったロエロ、この3地域を合わせてランゲ地方と呼び、ランゲ地方の中心となる街はアルバ市である。ロエロは銘醸ワインの生産地としては、比較的新しく認められた場所だ。アルバ市の北側にタナロ川があり、その北側にあるカナレ市を中心とした生産地域である。このタナロ川を挟み、土壌的な特徴も分かれてワインの個

畑の周りには豊かな森

20年来の親友

性が大きく変わり、ロエロが加わる事によりランゲ地方のワインの面白さが増したと思う。タナロの北側は砂質を中心とした石灰土壌があり、南側は粘土質を中心とした石灰土壌となる。一言でいえば、北は砂質、南は粘土質である。これだけで出来上がるワインの個性が違って来る事が分かると思う。

有名ワイナリーを指導

砂質から作られる葡萄は、概して香りが良く味わいがソフトになる。赤葡萄はもちろんネッビオーロを造り、次にバルベーラ。同じランゲ地方でネッビオーロワインを作っても、南側のアルバと北側のロエロでは全く趣の異なるワインが造られる。また、ロエロでは白ワインでも世界に認められる素晴らしいものが造られる。ロエロアルネイスだ。

　私にモンキエロを紹介してくれたのは、フリウリの生産者・テレザライツのオーナーパオロ氏だった。モンキエロカルボーネの創始者で前オーナーのマルコ・モンキエロ氏が、テレザライツ社の醸造コンサルタントをしていたからだ。マルコ氏はイタリア各州の著名なワイナリーの指導をする有名な存在で、彼の造るワインは時代に則したものではなく、生産地域、葡萄品種の個性を重要視するユニークなものが多く、そ

チェク
モンビローネ

ロエロの未来を語る

最新の出来は素晴らしい

の事で名を馳せていた。

初めてカナレのモンキエロに行った日の事は決して忘れない。2000年1月初旬の朝、リグーリア州のワイナリーからの移動中に自損事故を起こしたからだ。幸に人的な被害は無く、車の破損だけで済んだのは幸運だったかもしれないが、カナレまではまだ相当な距離を残していた。なだらかな下り坂、1月初旬の早朝で道路が凍結しており氷に乗り上げてスリップ、左前方のタイヤが縁石に衝突し、車は完全に動かなくなった。今では笑い話だが、トスカーナから遠く離れたピエモンテで事故をして、初めて訪問するワイナリーへ行かれない、車の修理を

彼はモンビローネの教会で結婚式を挙げた

どうする、など、頭の中がゴチャゴチャになっていたからだ。ワイナリーにその旨連絡し、事故現場でマルコ氏の到着を待っていると彼の車と共に事故車の運搬車も来た。幸運なのか、偶然なのか、驚く事にモンキエロの横に自動車の修理工場があったのだ。この時の滞在は2泊3日の予定だったが、事故車も4日あれば応急的な修理が出来ると言われ、4泊5日に変更。無事にトスカーナへと帰る事が出来た。

2000年初頭、ロエロは無名な生産地だったが、訪問して分かったは、潜在的な可能性は非常に高く、ソフトなネッビオーロワインが出来、アルネイスから素晴らしい白ワインが出来ること。マルコは生まれ故郷のポテンシャルを信じ、周りにある地元のワイナリーの指導から始めた。

モンキエロのチェク

実は私、酸の強いワインが苦手で、ネッビオーロとピノネロは今でも好きな品種とはいえない。酸の強いワインは長期の熟成が必要だと思うのだが、ソフトなネッビオーロワインを造るこの地域のワインは好きである。もう一つ、バルベーラからもモンキエロは素晴らしいワインを造っている。〝モンビローネ〟という単一畑を所有しているからだ。このモンビローネにモンキエロカルボーネのルーツ、真髄があるかも知れない。というのも、いまのワイナリーの前身を作ったマルコ氏の祖母がその葡萄で1900年代の初頭からワインを造っていたからだ。

そしてアルネイス。ピエモンテの原産白葡萄としては、日本でも80年代から知られたガヴィを造るコルテーゼがあるが、品種の可能性としてはアルネイスが上だろう。今では多くの生産者がアルネイスからワインを造るが、その全ての手本となっているのはモンキエロが造るチェクである。これは手前味噌な評価ではなく、イタリアのワイン専門誌、世界のワイン評論家がチェクをそのように言っ

モンビローネの発展に尽くした曾祖母

ていることからも分かる。

優れた後継者たち

1990年にワイナリーを設立したマルコは既に引退をし、自分の理想とするワイン造りを求めて、海外のワイナリーのコンサルタントもしている。そして、現在は息子のフランチェスコがモンキエロの指揮を取っている。職人気質だったマルコに比べるとフランチェスコはより現代的にモンキエロのワインの変革を行なっている。有名醸造家の息子としてウンブリア州で生まれたが、幼少期よりワインに囲まれた生活には自分の将来を受け入れるための十分な要素があった事だろう。そして、迷いなくアルバの醸造学校に進み、父の後をしっかりと受け継いでいる。

このワイナリーから私が選ぶワインは、白がロエロアルネイス・チェク、そして、赤はバルベーラダルバ・モンビローネとロエロロッソ・スルゥだ。全てのアルネイスのお手本といえるチェク、アルネイス発祥の畑といわれる区画を所有している。単一クリュでモンキエロしか所有していないモンビローネ、ロエロ地区のネッビオーロの品質を具現化したスルゥ。どのワインもロエロの個性が満ち溢れている事は折り紙付きだ。

ワイナリーお勧めレストラン・ホテル
Ristorante All'Enoteca: https://www.davidepalluda.it/
Casa Americani: https://www.casaamericani.it/

美しいドルチェ

素晴らしい晩餐

― ピエモンテ州 ―

《ペッケニーノ》Winery

Borgata Valdiberti, 59, 12063
Dogliani (CN)

+39-0173-70686

http://www.pecchenino.com/en/index.php

新しいバローロの為のカンティーナ

なぜか日本では知られず

私には何故だか本当に分からないが、ペッケニーノは日本ではまだ知名度が低く、よほどのイタリアワイン好きでないと彼の造っているワインを飲まないだろう。私の努力不足かもしれないし、造られるワインの主要品種がドルチェット種だからかもしれない。また、日本におけるドルチェット種自体の評価もかなり低く、正当にワインが扱われているのか、飲まれているのかを考えるとかなりの疑問を感じてしまう。

それがイタリア国内や海外の主要輸出国では状況がかなり異なり、各国の有名レストランには必ずリスト

美しい畑　　オーナー オルランドと弟のアッテリオ

に入っているほどである。私が今の仕事をする以前、まだイタリアワインを大して知らない時に、イタリアで飲んだペッケニーノのワインはヴィエディロマンスを初めて飲んだ時と同じ様な衝撃を受けている。よって、私の中では影響を受けたワインとして上位に位置しているほどだ。そして今、ペッケニーノのワインについて記事を書いている事を嬉しく思っている。前著の「最強ガイド」を書いた時、私はまだペッケニーノとは仕事はしておらず、オルランドとの接点がなかったのでインタビューもしていない。彼と仕事を初めて10年近くなり、今では彼の事をジャンフランコと同じ様に考えている。「オルランドは努力する天才なのだ」と。

　ペッケニーノはドルチェットの聖地・ドリアーニに居を構える。ドリアーニはピエモンテを世界に知らしめるバローロDOCGエリアの外側にあり、僅か数百メートルの違いで別の生産地域として区切られてしまった、ワイン生産の面からみれば悲劇的な地域といえるかもしれない。そして、ドリアーニの葡萄品種・ドルチェットも同じ様な立場の品種ともいえる。今ではピエモンテの最上の品種といえばネッビオーロと決まっているが、以前はそうではなかった。1970年代以前まで、ピエモンテで重用されていた1位はドルチェットであり、2位はバルベーラ、ネッビオーロはその次で人々から好まれて飲まれていた品種ではなく、バローロも今の様に高値で取引はされていなかった。この歴史を簡単に説明しておきたいと思う。

　第二次世界大戦が終わっ

右　サン ルイジ
中　ブリッコ ボッディ
左　シリィディ エルム

た後のイタリアでは、人々にとってワインは食料品の一つであり、今のような嗜好品として扱ったり考えたりするものではなかった。当時、大多数のイタリア人の生活は厳しく、そんな余裕などなかったからだ。品質の高い美味しいワインを造るよりは量を追い求めた時代で、品種により畑を分けるような考え方もそれほどなかった。その当時は色も濃く果実味が多いドルチェットとバルベーラが最も良い品種であり、栽培しやすいと考えられて（事実は異なるのだが）栽培面積も大きかった。それに対してネッビオーロは色も薄くタンニンが強く酸味も高い。落ちついて飲めるまでの熟成には長い時間が必要で、いうなれば「厄介な葡萄」だった。バローロやバルバレスコのネッビオーロワインを造っても、何年も置いておかないと飲めないし、造ってもすぐに売れないワインだったのだ。イタリア人にとってワインは生活に密着していただけに、時代によって求められる理由は違う。よって、1970年以前はドルチェットが最も高値で取引される葡萄・ワインだった。

70年代以降、イタリアも自動車産業（特にピエモンテ州にはフィアットの本社がある）を始めとして景気も良くなって行き、ワイン分野でも美味しいもの、高価なものに目を向け始める時代になった。醸造面の技術革新、栽培知識の向上などでイタリアのワイン業界では様々なワイン革命が始まり、その波はピエモンテ州の優良な生産者から始まったともいえる。この事はペッケニーノとはあまり関連がないので省くことにして、ペッケニーノの事を書き進める。

新しいランゲ地方改革の波はバローロ・バルバレスコで起こり、長い時間の熟成が必要だったネッビオーロワインが技術革新により飲みやすくなった。元々が長期熟成型のワインなので、以前に比べれば早くから飲めるようになり、かつ、長期の熟成も可能なのでワインの価値が上がり、

ペッケニーノの全ラインナップ

スーパートスカーナのようなピエモンテのワインは80年から90年代にかけて生まれて行った。そうなるとドルチェット・バルベーラはネッビオーロの下に位置付けられて、格下と見なされるようになってしまったのだ。特にドルチェットがメイン品種だったランゲの南エリアはワイン生産地域としても重きをおかれなくなってしまったのだ。

ドルチェットのすすめ

ペッケニーノは祖父の代から葡萄栽培農家だったが、現オーナーのオルランドが１９８６年に自社瓶詰めを始め、ワイナリーとして設立。１８ｈａの葡萄畑からスタートした。ピエモンテのワイナリーとしては新しい方だ。彼はドリアーニに生まれ、子供のころからワインに囲まれた生活だったので、ドルチェットの浮き沈みを自身で経験している。そこでドルチェットの復興を最も重要な事と決めワイン造りをスタートした。27歳の時である。ドルチェットは多産型の葡萄で、手入れをしっかりしないと沢山の葡萄を造ってしまい、ワインにした時は大味になる。これは戦後のような混乱期には非常に重要な事だったが、ドルチェットから美味しいワインを造ろうと考えると相当に大変で、葡萄と土壌をしっかりと合わせる事が特に重要だった。ドルチェットの好む土壌は粘土質が高いほど良いとオルランドは言っている。ドリアーニ以南のワイン生産地がこの条件に正に当てはまるそうだ。ドリアーニDOC協会の会長を務めていたオルランドと他のドリアーニ生産者の努力の甲斐があり、まず２００５年にスペリオーレ（アルコール度数がDOC基準よりも上がる）でDOCGが認められ（ロエロがDOCGに昇格した同じ年）、２０１１年にはドリアーニ全体がDOCGエリアとして認められた。これもオルランドが地域の仲間を引っ張って行ったからだろう。２００５年DOCGに認定されたことによりドルチェットの再評価が始ま

ここのワインにも衝撃を受けた

るのだった。

このドリアーニDOCGの認定を受ける前から、オルランドはバローロDOCGを造るために、自分の考えに合う葡萄畑を探し始めていた。ペッケニーノのあるドリアーニの数百メートル北にはバローロの銘醸地として名高いモンフォルテダルバがある。どの生産者もそうだろうが、自分のワイナリーから半径数キロのワイン生産事情に関しては事細かに知っているので、彼は自分の造りたいネッビオーロに合致するモンフォルテの葡萄畑を探し、2004年に2haのコステを、2006年に3haのブッシアを、2013年に5haのラヴェラの畑をそれぞれ購入している。そして2004年のヴィンテージからバローロもリリースしている。この場ではバローロにはあまりスペースを割けないので、彼の真骨頂であるドルチェットを書いていこうと思う。

彼はドルチェットを3種類造る、ステンレスタンクから造られるサンルイジ、樽熟成を一年させるシリィディエルム、樽熟成を二年させるブリッコボッディだ。シリィディエルムとブリッコボッディは単一畑のドルチェットを使い、サンルイジは全ての畑の葡萄を使う。この3種の中での私のお勧めは樽熟成一年のシリィディエルム。このワインを飲んでペッケニーノのワインが好きになったからだ。今までドルチェットで美味しいワインを飲んだ事がない、と思われる読者はこの3種類をぜひ飲み比べて欲しいと思う。また、バローロだがドルチェットでこれだけの品質を造り出す男である、どれを飲んでも素晴らしい品質である事は付け加えておこう。

ワイナリーお勧めレストラン・ホテル
Ristorante Rebbi: https://www.osteriairebbi.com/
Casa Pecchenino: http://www.pecchenino.com/

アグリツーリズモB&Bとしても素晴らしい

―ピエモンテ州―

SCAGLIOLA SANSÌ

《スカリオラ》Winery

Frazione, Str. S. Siro, 42/43, 14052 Calosso (AT)

+39-0141-853183

http://www.scagliolavini.com/

本書にはピエモンテ州のワイナリーが三蔵登場する。ランゲ地方のワイナリーがモンキエロカルボーネとペッケニーノ、このスカリオラはランゲの東側アスティ地方に所在する。アスティ地方と呼ばれるワイン生産地域は広大で、ピエモンテ州の東・アレッサンドリア県とアスティ県に跨る地域を指す。葡萄栽培地域としては、ランゲ地方の倍近くあるだろうか。この地方で造られるワインはランゲとはかなり異なる。アスティで代表されるワインの一番は、甘口の微発泡酒モスカートダスティだからだ。クリスマスなど祝い事の際に飲まれる事が多いので、本書の読者の方も飲まれた事はあると思う。赤ワインはバルベーラ種を主に栽培しており、バルベーラ種のワインとしてはランゲよりも美味しいものが多いと思う。

アスティ地方とランゲ地方の大きな違いは土壌である。ランゲ地方も細かく分けるとアルバ近郊とカナレ近郊では異なる土壌だが、一般的にいえるランゲの土壌は粘土・石灰質が基本となり、アスティは砂質・石灰土壌が基本となる（ロエロに近い土壌構成）。この砂質土壌が影響してランゲの高貴品種・ネッビオーロの栽培には向いていない。ネッビオーロは粘土質を好むからだ。葡萄品種はテロワールの中では人に次いで

アンフィテアトロ様式 石灰質の畑

重要なので、砂質土壌のアスティに合う品種を選ばなければならない。よってこの地域ではバルベーラが必然的に多くなる。また、白葡萄の代表であるモスカートも砂質を好むため、この地方では最も多く栽培され甘口の発泡系ワインとして造られる。

スカリオラは1936年に設立された歴史のあるワイナリーで三代目になる現オーナーは、マッジョリーノとマリオの兄弟で、スタッフは二人の奥様方とその子供たち。全ての作業を分業してワイナリーの運営を行っている事は、本書にも登場するサンタアントニオやピエロマンチーニと一緒だ。イタリア人の結束が

バリカイア

オーナーのマッジョリーノ マリオ兄弟

強いファミリービジネスは、昔の日本に似ているな、と思ってしまう。ワイナリーに訪問するたびに家族の結束の強さを感じ、私まで幸せな気持ちになる。

　ワインに目を向けると、スカリオラも例に漏れずバルベーラとモスカートで素晴らしいワインを造っている。カンティーナの周囲に葡萄畑が広がり、土壌も白っぽい部分が多い。まさにこれらの品種を栽培するに格好の場所である。バルベーラ種の特徴だが、色調は濃い紫で凝縮度は凄いが、色が濃い割にはタンニンが少ない（色に比べての話）ので飲みやすい。日本人が好む「濃いワイン」だ。ピエモンテの人たちが普段の食卓で飲むワインはバルベーラとドルチェットが多

サンシ　フレム　ヴォロ ディ ファルファッレ

く、ネッビオーロを何時も飲んでいるわけではない。食中酒として真価を発揮するバルベーラはもっと日本人に飲まれても良い筈である。

私のお勧めワインは、白は甘口の発泡酒モスカートダスティで20年以上の古木のモスカートのみを使うヴォロ・ディ・ファルファッレ（蝶の舞い）だ。蜂蜜のようだが軽やかな甘さの中にしっかりとした酸味が溶け込んでいる逸品だ。モスカートダスティは世界に向けて輸出されるワインなので、生産量も生産者の数も物凄いが、しっかりと選ぶと思いも掛けないような素晴らしいものに出会う事がある、これはそんな一本だと確信をしている。また、マリオの奥様が全て手書きした上で、手で貼り付けるエチケッタの樽熟成シャルドネも良い。

赤ワインはやはりスカリオラのフラッグシップのバルベーラダスティ・サンシだろう。とても特別なバルベーラで使用する葡萄は60年以上の樹齢を重ねたもので畑の面積も1・5haしかない。1年の樽熟成をした後、6か月の瓶熟成をしてから出荷される凝縮した味わいを持つワインである。サンシは少し値が張るので、もう少し安価で入手がしやすいワインはバルベーラダスティ・フレムだ。フレムは大樽熟成を1年させ、低価格ながらスカリオラのバルベーラをしっかりと楽しむことが出来る。バルベーラは単に酸っぱいワインと思っている方がおられたら、ぜひ、このスカリオラを試して頂きたい。

アニョロッティは未体験のおいしさ

典型的なイタリア家族の食事風景

〜 リグーリア州 〜

《マッシモアレッサンドリ》Winery

Via Costa Parrocchia, 42, 18020 Ranzo (IM)

+39-0182-53158

M.ALESSANDRI

↓オーナー　マッシモアレッサンドリ　　↑アレッサンドリ外観

このワイナリーを私に紹介したのはヴィエディロマンスのジャンフランコだった。私とジャンフランコとの交流は15年以上になり、ヴェローナで開催されるヴィニタリーでは毎年、かなりの時間を掛けてブースで試飲をする。ヴィエディロマンスはワインの種類が多い。そのことは、本書の読者の方ならご存知だと思うが、ブースへの訪問者は世界中からやって来るのでもの凄い数の相手を応対しなければならず、開場から閉場までゆっくりと話など出来る状況ではない。

そんな状況下の5年前のヴィニタリーのスタンドで、同じ時間帯にワインの試飲をしていた一人の青年がマッシモだった。一人で熱心に試飲をしている彼を見た時は、ワインを造っている人には見えなかった。一人でヴィエディロマンスのブースに入れるくらいだから、ジャンフランコの親しい友人か、またはレストランのソムリエかと思った。途中で突然、ジャンフランコから「リグーリア州のワインに興味があれば良い会社を紹介したい。ワイナリーはとても小さいがオーナーは若くてとても熱心に作業をしている。将来的にはかなり良いワインを造ると思うから紹介する価値はある」と言われたのだった。彼がそれだけ言うのだから興味が沸くのは当然で、ぜひ話しをしたいと言ったら、そこに座っているからと紹介されたのが、マッシモ・アレッサンドリ社のオーナー、マッシモだった。ジャンフランコもなかなかに面白い事をするものだ。すぐにその場で挨拶を交わし、最終日にリグーリア州のマッシモのブースへと行く事を決めた。

ワインに対する閃き

約束通りにヴィニタリーの最終日、マッシモのスタンドへ行き詳しい話を聞く事になるのだが、家族の本業はワインの仕事ではなく、リグーリア州の西側、フランス国境にも近いインペリア県の港町アルベンガでレストランを経営していた。ワイン業に関して驚いたことは、ほぼ全ての作業を彼が一人でこなしている事だった。彼は大学でワイン関連の勉強をした訳ではないので、コンサルタントはいるがそれ以上に自分で努力をしてワインの知識を積み重ねて来た事は凄いし、彼のワインを飲むと品種の個性とエリアのテロワール、それに加えて彼のワインに対する閃きを感じるのだ。

マッシモを紹介してもらうまで、私はリグーリアのワイナリーとは接点がほぼ無かったのだが、ヴェルメンティーノは注目をしている葡萄品種なので何とか関係を作りたいと思ってもいた。フランスと国境を接す

ロッセーゼ

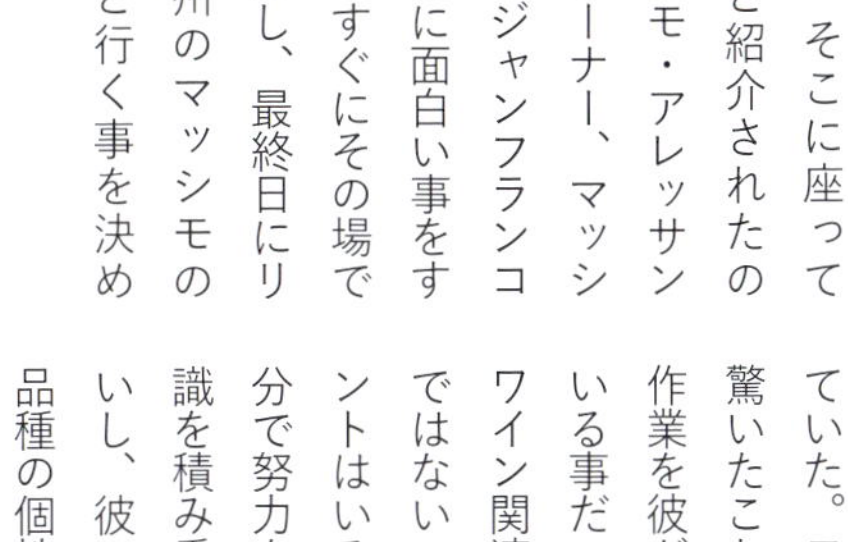

ピガート

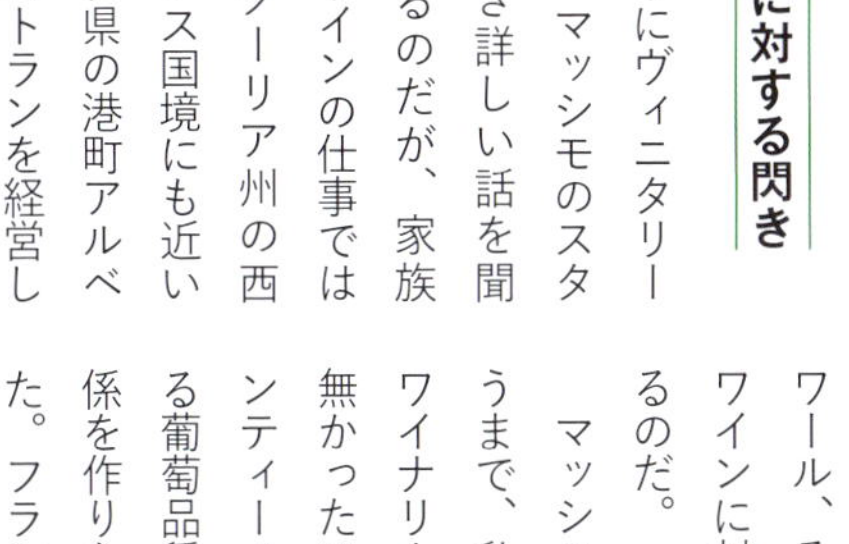

るリグーリア州は、西側はモナコ公国やニースなど風光明媚な素晴らしい観光地がありフレンチ・リヴィエラといわれ、地続きのリグーリアはイタリアン・リヴィエラと呼ばれている。地中海に面し年間を通して気候が安定しているリゾート地であり、イタリア人年金生活者の一番の憧れの州なのだ。またオリーブオイルと薔薇の栽培でも有名。「ジェノベーゼ」といわれる新鮮なバジルと素晴らしいオリーブオイルを使ったソースがある。ワインの生産地域は大きく分けると二か所になり、一つは彼のワイナリーがある西側のインペリア県、もう一つはトスカーナと州を接する東側のラ・スペツィア県となる。主要な原産品種はインペリアでは白はピガート、赤はロッセーゼとなり、スペツィアでは白はヴェルメンティーノ、赤はサンジョベーゼが多く栽培されている。また、スペツィア県にはチンクエテッレ（五つの大地）という世界遺産に登録された場所があり、そこではシャッケトラという甘口ワインが特に有名だ。マッシモは原産葡萄品種に加えて南フランス（ローヌ）で栽培が盛んな品種も作っていて、私はその事にもかなり興味を覚えた。白はヴィオニエ、ルーサンヌ、赤はシラー、グラナッチャ（グルナッシュ）。南フランスに彼の親戚がいてワイナリーを構えており、お互いに情報交換などを行い、自分の土地でも十分に良い品質の葡萄が造れると判断したからと言っていた。ワインはテロワールの産物であるので、同じ品種だからといって同じような味わいになりはしない事は何度か本書でも書いているが、彼の造るフランス系の品種はイタリアらしい果実味が溢れ、その上にしっかりとし

コスタ デ ヴィーニェ
ヴェルメンティーノ

夢は父から子へ、驚くべき新作も

コスタ デ ヴィーニェ ピガート

た酸味とミネラル質があるバランスの良いものに仕上がっていると思う。

ガレージワイン

ガレージワインという言葉があるが、意味はそのまま、車庫のような小さなスペースを使ってワインを造っている事だ。彼は7・5haの葡萄畑から4万本程度のワインしか造っていない。畑の標高は意外と高くて350Mから400Mに位置する。海からの距離も直線で約20キロ程度と地中海の温暖な気候の影響を十分に享受している。マッシモは師であるジャンフランコ同様に、かなりの種類のワインを造っている。メインとなる白ワインが2種類で約3万本、残りの1万本は7種類のワインで構成される。かなりマニアックなスタイルだと思うし、それだけ葡萄の個性を重んじる考え方なのだろう。テルチッチのマティアスもジャンフランコの弟子に当たるが、リグーリアでも彼の哲学に共感をしてワイン造りをするマッシモも変わった男である。

さて、私がお勧めするこちらのワイン、白は「ピガート・ヴィニェヴェッジェ」だ。1999年に植樹した古木のピガートを使い、更に樽熟成を掛ける逸品で、素晴らしい熟成のポテンシャルを持っているのだが、リリースした後に早く飲んでも美味しい。素晴らしいバランスを持った白ワインだ。赤ワインは「リグスティコ」というシラーとグラナッチャのブレンドワイン。こちらも樽熟成をさせる複雑味溢れるもの、瓶熟成を更に加えるとボルドーのグランヴァンの様な複雑な香り、味わいにも風格が出てくる。日本ではあまり知られていなくて、かつ、輸入量も非常に少ないワインだけに見つける事も難しいかもしれないが、探す価値は十分にあるのでトライして欲しい。

ワイナリーお勧めレストラン・ホテル
Il Pernambucco: http://www.ilpernambucco.it/
La Meridiana: https://www.lameridianaresort.com/it/

リグーリアの心を伝えるシェフは奥様

経営するリストランテ イル ペルナンブッコ

〜 ロンバルディア州 〜

≪トナリーニ≫ Winery

Via Marconi 10, Montu Beccaria(PV)

+39-038-5262252

https://www.tenutetonalini1865.com/

TONALINI

傾斜に沿って植えられるピノネロの畑

ロンバルディア州パヴィア市を中心としたワイン生産地オルトレポ（大意はポー川の上側）。イタリア金融の中心ミラノへワインを供するエリアとして有名だが、こんな事はロンバルディア州の人しか分からないだろう。イタリアで有名なスプマンテの産地は2箇所あり、一つはトレンティーノアルトアディジェで産するタレントDOC、そしてロンバルディアのフランチャコルタDOCGだ。オルトレポは隠れた存在ではあるが、同州の有名銘柄であるフランチャコルタよりもミラノ近郊では沢山飲まれている事は知られていないが、理由を聞けば納得、フランチャコルタよ

オーナー ファビオ トナリーニ

ロンバルディアはスプマンテの大量生産・消費地

りも三割は安いからだ。

フランスのシャンパンと同じ瓶内二次醗酵のお酒を造るのに必要な葡萄品種はそれほど多いわけではない。基本は二種類でシャルドネとピノネロである。シャルドネから作った発泡酒はブランドブラン（白葡萄から透明な発泡酒を作る）、ピノネロから造った発泡酒はブランドノワール（赤葡萄から透明な発泡酒を造る）といわれる。このブランドノワール、不思議な呼び名と思われるだろうが、赤葡萄のピノノワール自体には色素がそれほど多くはない。赤ワインを造る際には、皮と種子が重要な役割を持っていて、色素は特に皮から抽出されるの

ピノネロの収穫

除梗機も巨大

で葡萄をプレスした際の汁だけを使うと、赤葡萄なのに色のついていないモスト（ぶどうの絞り汁）が取れる。それを使い発泡酒を造るのだ。

　また、ほとんどの方は知らないと思うが、オルトレポではこのピノネロの植樹面積が実は世界で三番目に大きい。１位がシャンパーニュ、２位がブルゴーニュ、３位がオルトレポで、ここでは数多くのピノネロベースのワインが造られている。もちろん、発泡酒以外のスティル赤ワインも造るので、日本人が想像する以上の量が造られ、それがミラノを始めとするロンバルディア州の大都市で消費されているのだ。

トナリーニ ファミリー

良質なスプマンテ

1865年に設立された歴史あるワイナリー、テヌーテ・トナリーニも類に漏れず5種類以上の素晴らしい瓶内二次醗酵のスプマンテを造っているが、世界の発泡酒市場はフランス・シャンパーニュが中心であり、価格も含めて最高のものがシャンパーニュだと誰しもが思っている。また、優良銘柄における近年の価格高騰は驚くべきものであり、それが全体として価格上昇にも繋がっているだろう。そんな状況の中では、オルトレポで造られる発泡酒は、まだまだ安価で品質が高いものが多くあると今更ながら感じてしまう。特

グラッパの蒸留所

にトナリーニで造られるロゼドノワールの品質は素晴らしい。

　また、このエリアも他に負けない原産品種があり、最もユニークなワインはボナルダだろう。昔の教本では品種名がボナルダといわれもしたが、オルトレポではボナルダはワイン名で、品種はクロアティーナが100%。スティルで造るもの、微発泡で造るものの2種類がある。微発泡で造るものは、大抵がマルティノッティ（シャルマン）という大型のステンレスタンクにワインを貯蔵し、そこに炭酸ガスを注入する方式で造られるが、このボナルダは瓶内で二次醗酵させる珍しいタイプである。より深い味わいがあり発泡も細かく飲みごたえは十分だ。また、トナリーニは蒸留酒も造り、ロンバルディア州で最も古い蒸留所の一つでもある。一つの会社がワイナリーと蒸留所を持つ事は稀で、それだけの歴史を感じる。

ワイナリーお勧めレストラン・ホテル
La Locanda dei Beccaria:
http://www.
lalocandadeibeccaria.it/
La Genesa:
https://lagenesa.it

初もののポルチーニ三昧に興奮

中部イタリア編

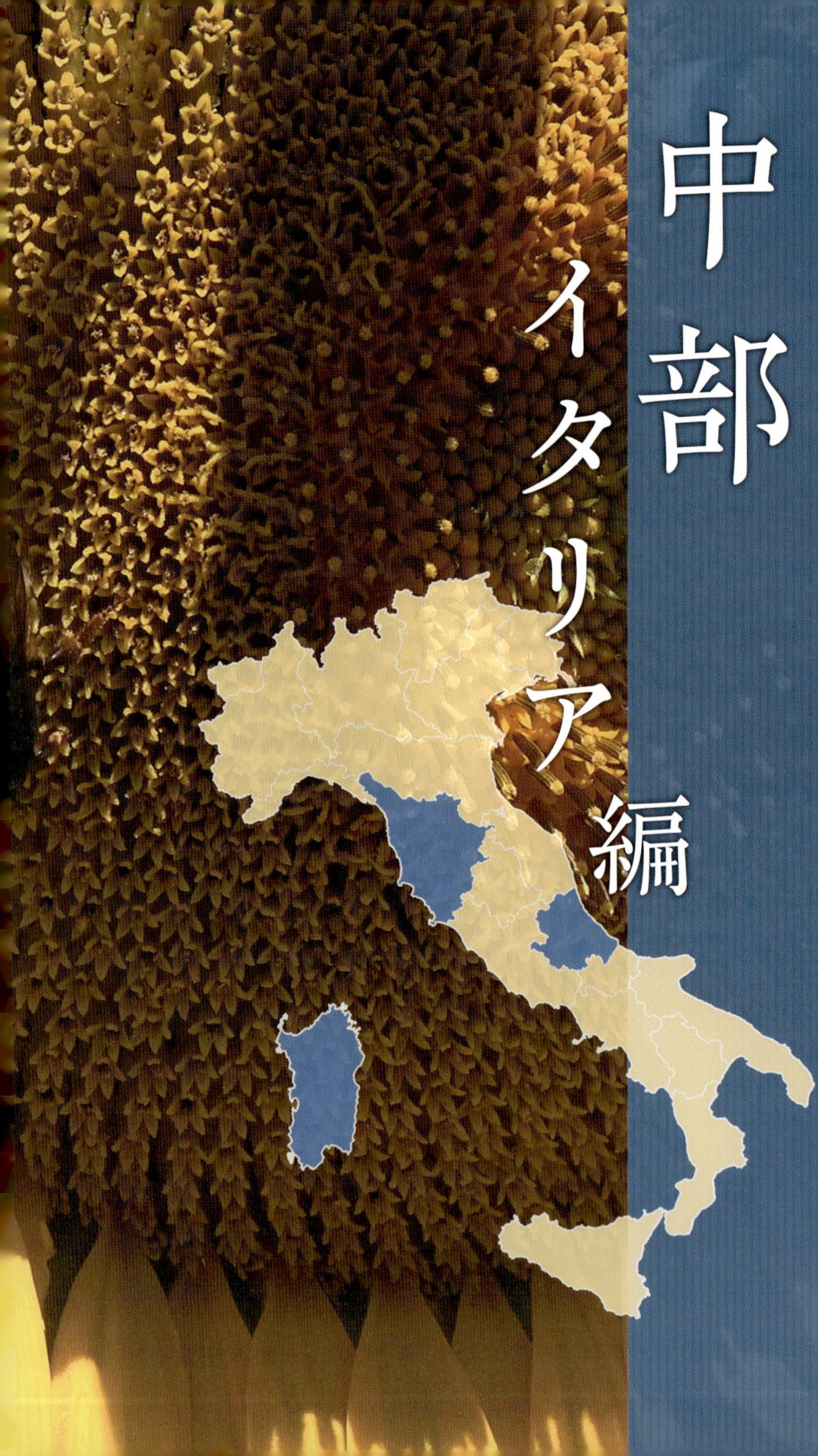

―トスカーナ州―

LE MACCHIOLE

《レ・マッキオレ》Winery

Strada Provinciale 16B Bolgherese,
189/A - 57022 Castagneto Carducci (LI)

+39 0565 766092

畑のベストショットを切り取るオブジェ

創設者エウジェニオ

誰もが訪れたい畑とカンポルミファミリー

イタリアを代表する

今ではイタリアを代表するワイナリーになった（と言っても過言ではないだろう）レ・マッキオレ。トスカーナ州リボルノ県ボルゲリという小さな海沿いの街に所在する。このボルゲリという地名も、マッキオレと同じようにワイン愛好家の間では有名な場所になったが、以前はワインの有名生産地よりも、19世紀に生き、ノーベル文学賞をイタリア人として初めて受賞したジョズエ＝カルドゥッチが「ボルゲリ・糸杉の並木道」で詠んだ詩の一節にこの「糸杉並木」が登場し、その詩で街の名前が知られた場所である。この地域は決してワインが有名なわけではなかったのだ。

1997年、まだ無名だったマッキオレの存在を私に教えてくれたのは、付き合いのあったピエモンテ・アスティの生産者で、「トスカーナの海沿いにこれから評価を上げそうな小さなワイナリーがあって、そこのワインを飲んだら凄まじく美味しかった」と言われ、名前を調べてワイナリーへ連絡をし、オーナーのエウジェニオ＝カンポルミと初めて話しをしたのだ。

私が初めてワイナリーを訪れた1998年1月の事は今でもしっかりと覚えている。その理由は、こんな

モダンなバリカイア

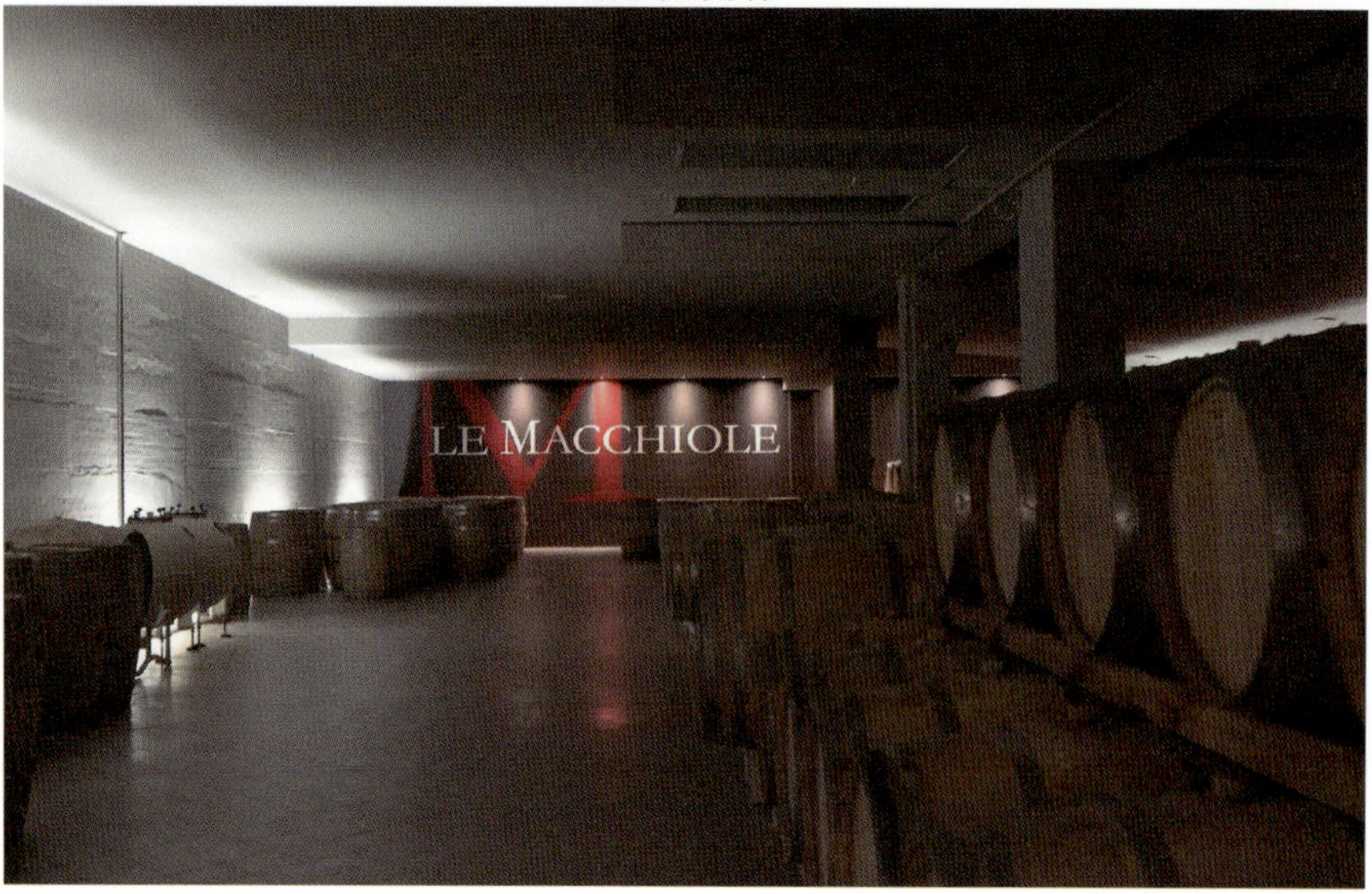

寂れた田舎町に来て、ボルゲリといっても猫の額ほどの大きさ、サッシカイア・オルネライアはあっても他に名の通ったワインは何もない。本当にこんな所に、そんなワイナリーがあるのだろうか、と思ったからだ。約束の時間にワイナリーに行くと一人の巨漢男性が現れた。エウジェニオだった。最初に言われた事は、「何しに来たんだい、君たちは」だった（笑）。

　カンティーナはまだブリキのような鉄板で出来た掘建小屋で、ステンレスタンクもバリックも整然と置かれているわけでもない。バリックは何段にも重ねて置いてあった。見るからに素人が一から始めたようなワイナリー、が私の第一印象だ。当時から私はワイナリーに訪問する際に、最も大切に考えていたのはオーナーとの相性である。ワインが美味しい事よりも、造っている人間がどのような性格なのかが重要だと思っていた。エウジェニオが2002年7月に亡くなり、現オーナーとなる奥様のチンツィアと親しくなるのは、それから数年が経ってからで、この時は確かに会った記憶がない。それだけ、エウジェニオがワンマンでワイナリーを運営していた事になる。

葡萄はこんなに低い位置に

エウジェニオとの出会い

彼は私と同じ1962年生まれだった事もあり、何度かワイナリーへと通ううちに親しくなり、彼の人となりと彼の造るワインに惚れ込み、私達が翌年にイタリアで家を購入する際の選択肢の重要な一つになった程、エウジェニオとマッキオレは大切な存在になって

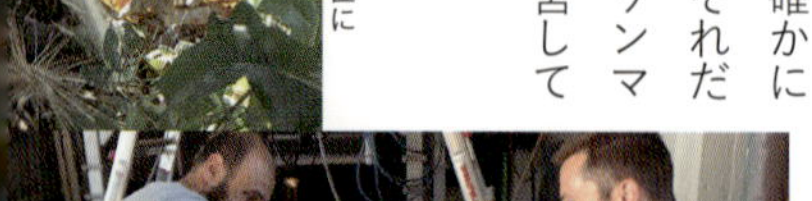
低い位置の葡萄を世話するための新兵器

世界が注目するカンティーナへ

いた。私とエウジェニオの出会いは、私のイタリアワイン人生の根本をほぼ為したという意味があり、今の自分がある事のは彼のお陰だと心底思っている。97年から連絡を取り合い、02年7月までの5年程の短い付き合いとなってしまったが、彼が私に与えた影響は計り知れないものがある（もう一人、私にイタリアワイン道に多大な影響を与えた人物を挙げるなら、ヴィエディロマンスのジャンフランコ＝ガッロである）。

　さて、この場で彼の事を書いていくと終わらなくなるので、彼が亡くなって以降の事を、この本の中では触れておきたいと思う。

現オーナーは奥様のチンツィア・メルリさん。そして2人の息子エリアとマティアだ。エリアはシエナの醸造学校出身、マティアはミラノの商業大学を出ている（筈だ）。今では2人とも立派にワイナリーの一員として働いている。エウジェニオ亡き後、ここまでの道のりは有名ワイナリーとはいっても決して簡単ではなかったろう。エウジェニオが亡くなった後、マッキオレには購入のオファーが数多くあった事はこの地域では知られた話しで、当時でも相当な額が提示されたらしい。売っていれば家族3人なら、仕事をしなくても生きて行ける額だったのではないだろうか。2000年代前半はイタリアワインブームの頂点だったから、投資家としては将来性を見据えればボルゲリには幾ら投資しても良かったのではないか、と私でさえ思ったほど。それを断り通したチンツィアには心より敬意を表したいし、エウ

この地の地層もそのまま紹介

ジェニオの〝鉄の意志〟を受け継ぐ決意があったのだと思っている。

　彼女のワイナリーのオーナーとしての自分の意思は、2004年からリリースされた新ワイン「ボルゲリロッソ」に現れている事を、その時、私は感じ取る事が出来た。それまではエウジェニオが造っていた「マッキオレロッソ」が、ワイナリーの名刺代わりだったが、あくまでもパワフルで彼の性格がそのまま出ている力強い味わいだった。品種はサンジョベーゼが主体で、トスカーナの代表品種をボルゲリで造ったら、どのようなワインが出来上がるか、の表現だった。

　読者の方々は、トスカーナの赤葡萄＝サンジョベーゼ、と連想すると思うが、それは全く正しい事だと私も思う。が、ボルゲリはサンジョベーゼには気温が高すぎるので、葡萄が本来持っている個性・性格が正しく（何が正しいかは造る人間の判断ではあるが）出て来ない、という話しは、実はエウジェニオともした事があり、その事には少なからず疑問を持っていたのは事実だった。

　そこでチンツィアは、ボルゲリの本当のテロワール（地域の個性）を表現する為には、サンジョベーゼでは無い国際品種＝メルロ・カベルネフラン・シラー（実際にトップキュベはこの3種を単一で瓶詰めをしている）を使って、新しいワイン「ボルゲリロッソ」を造り始めたのだった。マッキオレロッソを2003年で終わらせ、翌2004年からワイナリーの名刺としてこの新しいワインをリリースさせた。ここがマッキオレの新しいターニングポイントとなり、現在に至っているのだ。

　現在、チンツィアがワイナリーの顔として立場を確立させ、長男は醸造面を、

メッソリオ
パレオ
ボルゲリ ロッソ
スクリオ

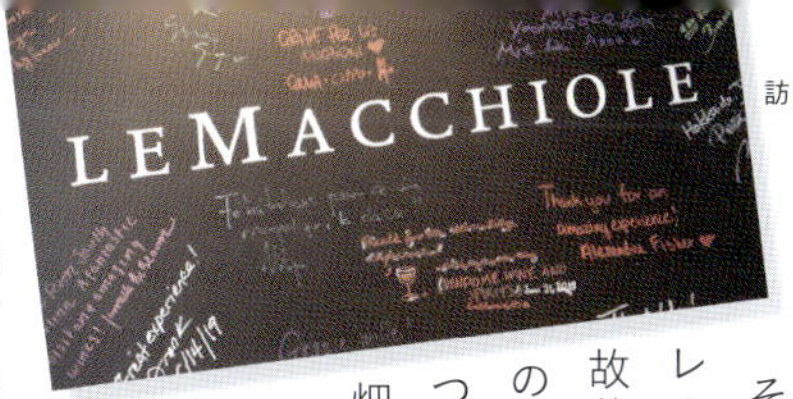

訪問者のサインは世界中から

次男は販売面を、それぞれ担当するようになり、今後のマッキオレの盤石な体制も確立されている。

増産はしない！

そしてマッキオレのワインが何故美味しいのかの理由はもう一つある。それは畑の拡張をしないこと、ワインの増産をしない、ことである。どんな企業でも販売が順調に進むと売れる商品を増産するのは当たり前であるが、ワインは機械で画一的に作れるものではない。その事を踏まえて、マッキオレでは現在所有している畑はほぼ全てが彼らのもので、自分達で管理している。畑の拡張をしなければ増産は出来ないが、葡萄の木は年を重ねて大人へと変わって行く。葡萄の木は3年目から醸造に使えるレベルの収穫が始まり、10年目までは青年期として考えられる。それ以降25年から35年樹齢までが円熟期となり、それ以降は老齢化していき収穫量が減って行く。以降は所有者の考え次第で新しい若木に変えるか、古い木をそのまま持ち続けるのか、分かれて行くのが畑の一生である。このサイクルを考えて畑の管理をして行かなければならないから、一つの畑がその使命を終えるまで見届けるには、人間の一生と同じような歩みがある事になるのだ。

現在のマッキオレが所有する畑の樹齢は、ちょうど円熟期を迎え始めた90年代の終わりから2000年初頭に植樹した木が大半を占める。つまり、これから益々、良い葡萄が生産出来る。マッキオレが美味しいワインを造り続けれられる理由がここにある。

ワイナリーお勧めレストラン・ホテル
Osteria Magona: http://www.osteriamagona.com/
Villa le Luci: http://www.villaleluci.it/

最新ヴィンテージの試飲をチンツィアと

〜トスカーナ州〜

BADIA di MORRONA

TOSCANA

≪バディアディモッローナ≫Winery

Via del Chianti, 6　56030 Terricciola (PI)

+39 0587 658505

https://badiadimorrona.it/

広大な葡萄畑

バディアディモッローナの歴史は非常に古い。11世紀に作られた教会を持つ修道院だった600haに及ぶ広大な土地を、1939年にジェノバの名門貴族・ガスリーニ伯爵家が購入したことで、モッローナの近代ワイナリーとしての歴史が始まる。現オーナーのフィリッポは三代目である。モッローナのあるテリチョーラ市は今では複数の有名ワイナリーが進出していて、イタリアワイン愛好家の間では少しは知られた街になったが、当時はトスカーナのワイン生産地域としては全く知られていなかった。モッローナのあるピサ県は、キャンティのサブゾーン・コッリーネピサーネに属するが、その事も余程のイタリアワイン愛好家でないと知らないだろう。私がモッローナを知り、1999年にピサ県モンテスクダイオ市に住居を構えてからは、このエリアの可能性に対し自分の力を賭ける価値があると、その時から思い始めていた。私がモンテスクダイオに住むきっかけを作ってくれたのも、当時モッローナの醸造長を務めていたコッラード・ダルピアッツ氏である事も深い縁だと思っている。

現在、モッローナはワイナリーの周囲に110haを越える広大な葡萄畑を有し、ヴェルメンティーノ、サンジョベーゼなどの原産品種から、シャルドネ、ヴィオニエ、カベルネ、シラーなどの国際品種まで幅広く栽培をしている。結果、ワ

アグロノモ（栽培担当）

歴史的建造物の中へ

美しい中庭

11世紀の元修道院の荘厳な空間

最上のサンジョベーゼ

これぞトスカーナ

インの種類も非常に多く、選択のバラエティに富んでいる。私が仕事を始めた頃に比べると規模は倍以上になり、それで品質が落ちれば元も子もないのだが、これだけ大きなワイナリーになっても品質が落ちていない事は凄いと思う。私がモッローナと深い縁になったきっかけを作ったコッラードは前著『イタリアワイン 最強ガイド』でインタビューをしており、彼の事はそちらを読んで頂きたいが、イアリアワインの世界ではエリートに近い道を歩んでいる。私はイタリアワインの世界について、彼から大きな影響を受けたのも事実だ。コッラードはトスカーナ出身ではなく、北イタリアのトレンティーノ出身で、イタリア三大醸造学校の一つであるトレントの名門サンミケーレを優秀な成績で卒業した。また彼はスポーツマンでもあり、スキー、自転車、ランニングなどイタリア人が好きなスポーツは代表選手並みにこなす。私のワイン知識も彼から学んだ事は本当に多く、トレント出身の彼を通してトスカーナに居ては到底知ることもない北イタリアのワイン事情を詳しく知る事も出来た。そんなスーパーなコッラードも現在はワイン業界からはほぼ引退しており、久しぶりに会ったりすると時の流れの早さを本当に感じてしまう。

カンティーナに到着

風格を感じる設備

高いポテンシャル

ピサ地区のワインに高いポテンシャルを感じた理由をここでは書いておきたい。先ずはトスカーナのワイン生産図を思い浮かべて頂きたい。イタリア中央部には背骨の様にアペニン山脈が南北に走っている。その西側のフィレンツェ起点で見た時に、そこから南へ向かい、シエナ・モンタルチーノ・モンテプルチャーノまでのラインがある。この北から南に掛けてはサンジョベーゼが主体となり、サンジョベーゼの真の個性が発揮されている。「本当の個性」の解釈は人それぞれだが、ワインの生産地域としてキャンティクラシコ、ブルネッロ、ヴィノノビレの三大生産地がそれを物語っているだろう。そしてこの三地域とは気候的にも対局なトスカーナ沿岸部が更に西側にある。沿岸部を北から見るとヴェルメンティーノ種から素晴らしい白ワインを造るマッサ・カッラーラ地域、そしてナポレオンの妹が国を治めたルッカ地域があるルッカは19世紀から国際品種のブレンドワインを伝統的に造っている。少し南下するとモッローナがあるピサ地域、更にその南には銘醸地として名高いボルゲリ・スヴェレートがありマレンマ地域へと続く。この沿岸部全てのエリア（ルッカとピサは若干内陸）に共通して

風格ある試飲ルーム

いえる事は土壌が肥沃で海からの影響が強く、トスカーナ内陸部の生産地域よりも気温が高くて風通しが良いという葡萄栽培の好条件が揃っている。何といっても葡萄栽培には地中海性気候が一番合う事は学校で勉強したはずだ。その中でピサ地域を見ると海に近いといっても沿岸に面してはいないし、内陸部の生産地域よりも海からの影響は強い。私が考えるところでは、内陸部と沿岸部の良い要素を両方兼ね備えているのがピサ地域という事だ。なかなかイメージしづらいかもしれないが、百聞は一見に如かず、モッローナを始めとしたピサ地域のワインをぜひ飲んでほしいと思う。

ラ スヴェラ　ヴィニャアルタ

様々なタイプのワイン

先に書いてきたように、モッローナは110ha

新ヴィンテージも圧倒的

責任者も自信の出来

以上の広大な葡萄畑を所有しているので様々なタイプのワインを造る事が出来る。私からのお勧めワインだが、白はシャルドネ・ヴィオニエ・ヴェルメンティーノから醸造される「ラ・スヴェラ」。シャルドネのみ六か月の樽熟成をし、ステンレスタンクで仕上げたヴィオニエ・ヴェルメンティーノとブレンドする。フレッシュな果実味の中に樽熟成の複雑さが加わり美味しさを醸している。

赤ワインだがモッローナが古くから所有しているサンジョベーゼの畑から特に素晴らしいワインを造っている。サンジョベーゼの古木を使う「ヴィニャアルタ」だ。この畑の植えているサンジョベーゼだが、実はモンタルチーノの名門ワイナリー・ビオンディサンティから貴族同士の繋がりで分けて貰ったことは全く知られていない。その事はワイナリーから情報としては出していないからで、ふつうは知る由もないが、私はコッラードからそれが事実である事を聞いている。また、このヴィニャアルタのサンジョベーゼからは、時として醸造家が驚くような高品質なサンジョベーゼが収穫されることがある。この20年間でも数回しかない現象で、これは自然からの驚異的な贈り物だ。普通の年でも高い品質のサンジョベーゼワインを造る畑で、私がお勧めする赤ワインはこのヴィニャアルタだ。また、キャンティのリセルバにも一部はこの畑のサンジョベーゼが使われるので、コストパフォーマンスを求めるとこちらのワインも捨てがたい。

ワイナリーお勧めレストラン・ホテル
La Locanda La Fornace: https://badiadimorrona.it/ristorante/
Agriturismo Badia di Morrona: https://badiadimorrona.it/en/

伝統の紋章

蜂蜜も興味深い

オリーヴオイルも傑作

ショップも充実

奇跡の傑作ヴィニャアルタ1999 エチケッタは写真家 所幸則

―トスカーナ州―

Anno 1818

ORMANNI

《オルマンニ》Winery

Località Ormanni, 53036 Poggibonsi (SI)

+39-0577-937212

https://www.ormanni.net/

オルマンニ総責任者 ロッコ ジョルジョ

トスカーナで最古

ファットリア・オルマンニ。実に素晴らしい個性を持っているワイナリーと仕事が出来て、それが名誉な事だと思ってしまう。その歴史は古く、現オーナーのブリーニ家の所有になったのは1818年で200年が経ったが、ワイナリーが存在した記録は13世紀、叙事詩「神曲」を書いたダンテの時代にまで遡る。事実、「神曲」にオルマンニ農園の記述がされているので、トスカーナでも最古のワイナリーの一つといってもいいだろうか。そんな長い歴史のあるワイナリーだが、現代イタリアワインの歴史ではほぼ埋もれた存在で、私も数年前までは造られたワインを飲んだことさえなかった。

オルマンニとの出会いは偶然ではないが、この様な仕事に至るまでの経過は少々込み入っているので触れておきたい。現オルマンニ社の総合的ディレクターはロッコ・ジョルジョ氏で、私と彼との出会いはもう20年に近くなる。同じキャンティクラシコ地区のワイナリー、サンファビアーノカルチナイアのディレクターをしていたロッコとは2000年の初めに出会った。このサンファビアーノカルチナイアもかなり古い歴史を持つのだが、ワイナリーとして認知され始めたのは90年代に入って

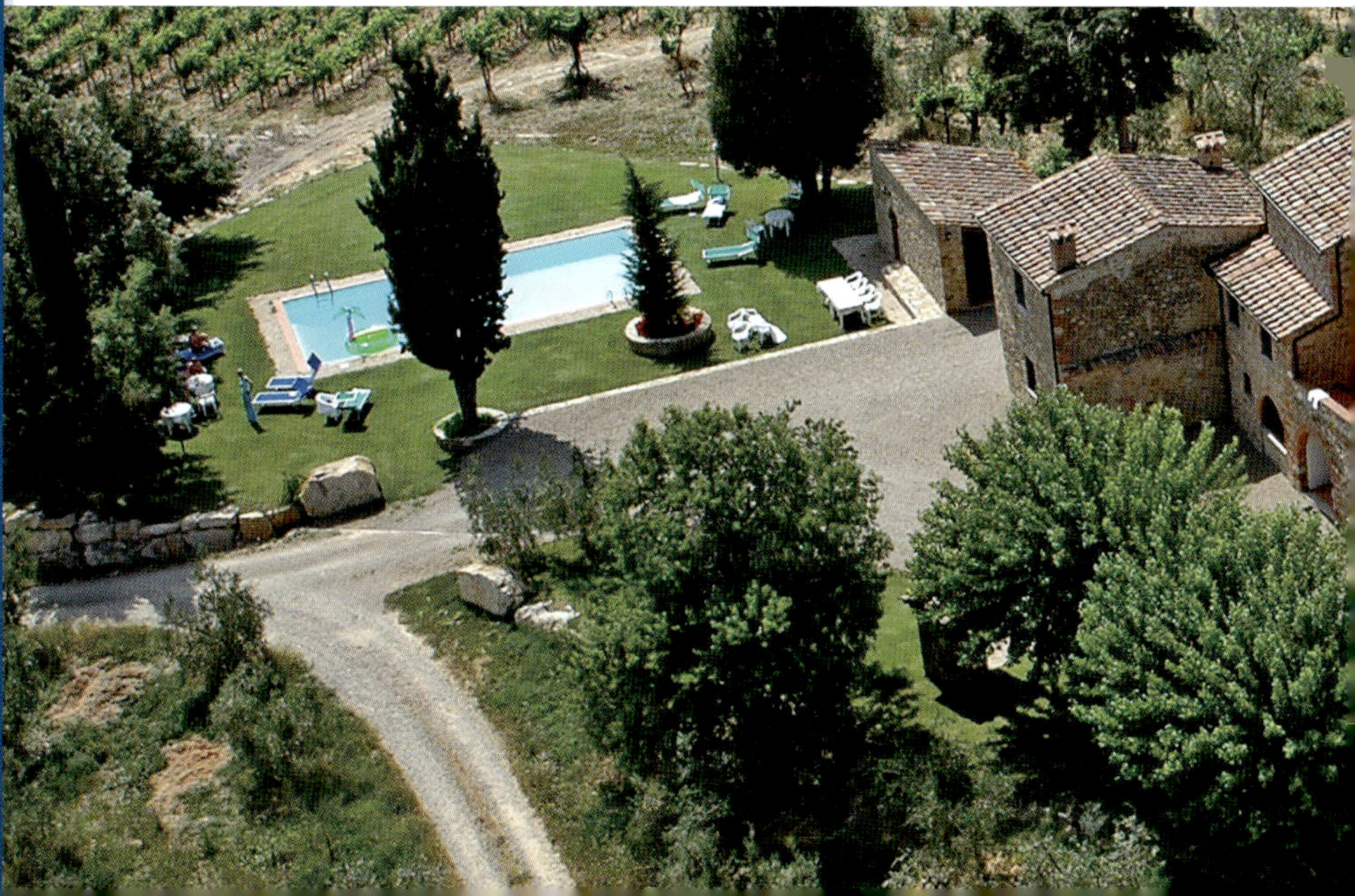

ブリーニ家らしい高級感のアグリツーリズモ

からで、ロッコの指揮の下に、コンサルタント醸造家は現代イタリアワインの歴史を新たに作ったカルロ・フェッリーニ氏が務め、この二人がタッグを組んでから素晴らしいワインを造り始めた。また、同社には本書にも登場するフランコ・カンパネッリ氏も在籍していて、今の私の仕事に欠かせない人物が多数関係していたのだ。

単に「ワインの仕事」といっても内容は様々な分野に分かれており、ワインを造るまでに必要な事だけ見ても、葡萄畑の作業・管理を全般に担うアグロノモ、栽培された葡萄からワインを造る醸造面全般を担うのはエノロゴである。ワイン

サンジミニャーノを望む

樹齢の高いキャンティクラシコリゼルヴァの畑

造りで華々しく注目を浴びるのはエノロゴになるが、ロッコはアグロノモで地道な仕事が大切になる。アグロモノはどちらかといえばスポットが当たらないが、私はワインに興味を持ち始めた当初から、アグロノモの仕事がワイン造りにはより重要であり、かつ、面白いと思っていたので、ロッコ氏とは早い段階から色々と話を聞いたりして親しくなるのも早かった。彼の家に食事に行った事も何度かある。

復活したオルマンニ

カルチナイアを一流のワイナリーにまで成長させた彼が、ワイナリーを突然退職したのは2009年で、私は強いショックを受けた。当時、そのはっきりとした理由は彼の口から聞く事が出来ず、転職先も聞かされない状態で数年が過ぎてしまった。間もなく、退職したロッコの後を受け継いだフランコから、彼がオルマンニに入社している事は聞いていたが、私がオルマンニと仕事を始める2017年まで、全く連絡が途絶えた状態が続いたのだ。そして、遂に彼から連絡が来るのだが、その時の言葉を今でもはっきりと覚えている。

ロッコは次のように語り、私はオルマンニ社と仕事をする事を決めた。

「私がある理由によりカルチナイアを退職し、オ

奥に行くほど歴史が遡るカンティーナ

バリカイアの行きついた先は試飲室

ルマンニに入社した時点ではワイナリーの状態は酷くて、YOSHIに紹介出来るような状況ではなかった。畑も荒れていてワインの完成度も低く、マーケット面を見てもスムーズに運ぶとも思えなかった。しかし、私が入って8年経って、やっと体制が整った。ワインの品質も安定したので、良かったら一緒にまた仕事をしないか」と言われたからだ。すぐにオルマンニに足を運び、彼と旧交を温め畑の見学・試飲などをしたが、全てが素晴らしい状態だった。何でこれほどの可能性があるのに無名のワイナリーだったのか、私には全く理解出来なかった。ワインの醸造コンサルタントは、トスカーナのワイン関係者なら知らない人間のいない「サンジョベーゼの神」といわれるジュリオ・ガンベッリ氏が30年来受け持っていた。その事だけでも世間に知れ渡ったらワインの需要が大きくなるほどの人物なのに、である。

ロッコと話をするうちにワイナリーの前当主だったパオロ氏の性格とブリーニ家の経営方針が起因している事が分かった。ブリーニ

キャンティクラシコ リセルヴァ

家はフィレンツェのチェントロに幾つもの高級不動産を所有する資産家で、ワインを拡販する事をパオロ氏が望まず、あくまでも穏やかに目立たないようにワインの販売をする方針だった。また、ワイナリーに優秀なディレクターを置く考えもなく、ロッコと知り合ってからその考えが生まれたらしい。そして、彼からの連絡で、私はこのような素晴らしいワイナリーと仕事をする事が出来たのだった。縁があれば巡り巡って一緒に何か出来る事の表れだと思っている。

　そんなオルマンニのワインだ。ワイナリーはサンジョベーゼと少しの赤葡萄、白葡萄しか栽培しておらず、ワインの種類は多くはない。私がお勧めするワイン、キャンティクラシコ・リセルバだ。ワイン名はボッロ・デル・ディアヴォロ。悪魔の畑である。樹齢の高いサンジョベーゼのみを使用し、トスカーナでは珍しいアルベレッロで仕立てられた木も使われている。私の経験の中でも最上のキャンティクラシコを十本選ぶとすれば絶対に入るだろう逸品である。

ワイナリーお勧めレストラン・ホテル
Ristorante Postello:
http://www.pestello.it/
Hotel Alcide:　https://www.hotelalcide.com/it/
Hotel degli Orafi:　https://www.hoteldegliorafi.it/ja/

オルマンニ　トスカーナでは珍しいアルベレッロ仕立て.eps

〜トスカーナ州〜

≪レコルティ≫Winery

Via San Piero di Sotto, 1, 50026
San Casciano in Val di pesa (FI)

+39-055-829301

http://www.principecorsini.com/en

PRINCIPE CORSINI

MALO MORI QUAM FŒDARI

コルシーニ家の別荘

コルシーニ皇太子家当主ドゥッチョ氏

六百年続く名門

コルティを所有するコルシーニ家は、一族からローマ法皇をも輩出したトスカーナの名門貴族である。貴族制度が廃止されるまで、イタリアの貴族には階級があったわけだが、コルシーニ家はプリンチペ（Principe）・皇太子の称号を持つエリート貴族だった。同家がコルティを所有した記録は1363年まで遡れ、既に600年以上に渡り続いているワイナリーで、現オーナーは24代目の当主ドゥッチョ・コルシーニ皇太子だ。私も彼と知り合ってから20年以上経つが、聞くところによるとドゥッチョがコルシーニ家で初めて会社に入って仕事をしている人物だそう。時々感じる高貴な立ち振る舞いはそこから来ているのかも知れないので、私はとても貴重な経験をしているのだろうと思う。

　コルシーニ家は第二次世界大戦まで、フィレンツェ郊外サンカッシャーノにある自宅から、同家の所有する領地を通ってローマまで

サンジョベーゼの畑

サンジョベーゼにも歴史と気品

行く事が出来たそうだ。現在のトスカーナをほぼ全部所有するほどの権勢を誇っていた。取材で訪れた自宅には14世紀からの文献を保存している文書庫があり、案内して貰ったのだが、そこは研究者のみが決められた日時しか入る事が許されない特別な場所との事だった。そこは中型の図書館ほどの大きさだった事にはやはり驚かされた。

そんな名門貴族でも、造っているワインが有名になったのは遅く、ドゥッチョが会社に入ってから90年代に始まったトスカーナワインのルネッサンスの時期である。少しこのムーブメントについて書くと、トスカーナ州第一の原産葡

ここは広大な庭園の下

萄、サンジョベーゼに国際品種といわれるカベルネ、メルロ、シラーなどをブレンドし、樽熟成をさせたボルドータイプのワインを造ることで、国際市場を意識した動きがあった。世界的にイタリアワインの代名詞的な存在となったボルゲリのサッシカイア（ジャコモ・タキス氏がコンサルタント）がある。また、同時期に新世代の有能な若い醸造家が何名も輩出された。その代表格がコルティなど新進気鋭のワイナリーからコンサルタント依頼を受けたカルロ・フェッリーニ氏である。カルロが醸造するワインは、ほぼ全てといっていいほど国際市場で高い評価を受け、モダントスカーナともいわれた実に素晴らしいワインが多く造られた。その評価は今でも変わっていない。

現在、コルティのワインラインナップは幅広いが、20年前は決して多いわけではなかった。その中で特に名を馳せたワインが、ドゥッチョの祖父の名前を冠した、94年が初ヴィンテージである〝ドントマーゾ〟だ。これ以前はキャンティクラシコ、リセルバ、ヴィンサントの三種類のみを醸造していたが、サンジョベーゼ100%で造られたこのワインでコルティは有名になったのだ。日本の市場へも95年ヴィンテー

ビリッロ

ドントマーゾ

ジから輸入が始まり、20年以上経った今でもコルティの代名詞的な存在として愛されている。

お勧めはドントマーゾ

また、コルシーニ家ではマレンマと呼ばれる南トスカーナ沿岸部でも大きな土地を所有していて、そこでもワインを醸造している。マルシリアーナと呼ばれ、ここでは暑い気候を利しての国際品種の栽培が行われている。この南トスカーナは本書マッキオレの項でも書いているが、気温が上がり過ぎてサンジョベーゼの栽培に向いているとはいえず、暑さにも強いカベルネ、赤葡萄として最も早熟なメルロの栽培がメインとなる。マルシリアーナからはビリッロというコストパフォーマンスの高いワインをリリースしているのでチェックして欲しい。

私がコルティのワインで強くお勧めしたいのは、やはりドントマーゾ。リリースの94年から97年まではサンジョベーゼ100％だったが、98年からメルロを15から20％ブレンドし、より果実の丸みを帯びたワインとして完成度が高くなっている。そして、ドントマーゾはコルティからリリースされるキャンティクラシコの新しいカテゴリー、グランセレチオーネを名乗っている。

ワイナリーお勧めレストラン・ホテル

Osteria Le Corti: http://www.principecorsini.com/en/content/osteria-le-corti

Il Poggiale: https://www.villailpoggiale.it/

技術の革新は怠らない

最後は甘口ヴィンサントの小樽

ドゥッチョ皇太子とラインナップ

―トスカーナ州―

≪ポッジョピアノ≫Winery

Via Pisignano 28/30, 50026
San Casciano in Val di Pesa (FI)

+39-055-8229629

http://www.fattoriapoggiopiano.it/

FATTORIA
POGGIOPIANO

3代目のジョヴァンニ　絶品のサンジョベーゼとコロリーノがここに

サンジョベーゼ向き土壌

ポッジョピアノは製靴業で成功を収めたジュゼッペ・バルトリ氏が1993年に購入したワイナリーで、歴史が長くはないが初リリースしたワインから評論家やガイドに高い評価を得た。ポッジョピアノは1990年代に話題をさらったスーパータスカンブームを体現したシンデレラワイナリーの一つだ。そのワイン名は〝ロッソディセーラ〟という。ラベルを見て貰えれば分かるのだが、トスカーナのイメージである糸杉の背景に沈む太陽を表しており、色彩鮮やかで一目見たら忘れないだろう。

ポッジョピアノはキャンティクラシコの九つある地域の中では北に位置し、フィレンツェに一番近いサンカッシャーノヴァルディペーザにある。ここはフィレンツェの名門貴族でイタリアワイン業界に多大な影響力を持つマルケージ・アンティノーリ社の醸造所があった場所で（現在は別の地域に移転）、本書にも登場する皇太子家・コルシーニが所有するコルティ社もワインを造っている由緒ある地域だ。キャンティクラシコ地域は非常に複雑なミクロクリマがあり、出来上がるワインの味わいが九つの地域でかなり異なる。基本的には標高が高く、土壌は痩せていてオリーブ以外の野菜も作れないような場所で葡萄栽培をしている。サンジョベーゼが最も好む土壌と気候がここには存在し、その真の姿を見ることが出来るのだ。私が個人的に最も興味があり、好みのワインが多数ある地域でもあり、キャンティクラシコだけでも、過去10軒以上と仕事をして来た。加えて、国際品種による素晴らしいワインも本当に多く造られる地域でもあり、名前を挙げていったらきりがない。トスカーナのワイン、特にサンジョベーゼが一番好きだ、という方はとても多いと思うが、単一品種で造るべきか、様々な品種をブレンドしても良いのか、の議論は終わる事がないが、

キャンティクラシコ用の大樽

キャンティクラシコではその全てが作られるので本当に興味は尽きない。私にとってはキャンティクラシコの楽しさは、品種の構成よりもワインが造られる地域の違い、つまりテロワールを楽しめることが最大の魅力かと思う。ポッジョピアノの畑は標高３００メートルから３５０メートル、キャンティクラシコエリアの中では比較的に土壌コンディションが良く粘土と石灰がバランスよく混じっている河川堆積土壌だ。ワインは果実味が豊かだが繊細で飲み応えがある。

　ジュゼッペがこの土地を買った時にはすでに葡萄畑があり、前の所有者はアンティノーリ社へ葡萄を売っていた。素晴らしいワインを造りたくてこの土地を買ったジュゼッペは、すでに事業で成功を収めていたので資金は潤沢にありワイナリーへの投資も十分に出来た。彼が最初に始めた事は畑の整備と優秀な醸造コンサルタントを探す事だった。そして、若き日のルカ・ダットマと出会い、彼に醸造の全てを任せる事を決めワイナリーの躍進が始まったのだった。ルカ・ダットマは、私の前著に長いインタビュー記事があるのでそれを読んで頂きたいが、マッキオレのエウジェニオにして、「天才的な閃きを持ち、犬のように優れた嗅覚がある」と言わしめた醸造家である。１９９０年代から２０００年代にかけてのトスカーナワインシーンに変革をもたらせた男の一人である。

新しい時代をつくる

　ポッジョピアノは現在でも９ｈａしか葡萄畑を持っていない小規模な生産者で、栽培している葡萄は７・５ｈａのサンジョベーゼと１・５ｈａのコロリーノだけ。トスカーナの原産品種だけでワイン造りを行っている。現在のオーナーは三代目となるジョバンニがワイナリーを譲り受けた。その道も平坦ではなく二代目オーナーの父・アレッサンドロとワインに対する考え方からの諍いで数年ワイナリーから離れていたが、仲違いも解消しワイナリーへと戻ってきた。ジョバンニがワイナリーを離れた時は「ポッジョピアノが売りに出された」という噂話もあったのだが、今ではその心配もなくなった。ジョバンニは農学を勉強したわけではないので、全ての業務はワイナリー設立時からアグロノモをしている叔父のステファノから薫陶を受けている。若きジョバンニが新しい時代のポッジョピアノを造っていくだろう。

　ワインは四種類醸造しており、サンジョベーゼ100％のキャンティクラシコが二種、前出のサンジョベーゼにコロリーノを10％ブレンドするロッソディセーラ、コロリーノ100％のタッフェタだ。私がお勧めしたいのは一時代を築いたロッソディセーラよりも、サンジョベーゼ100％で醸造されるキャンティクラシコ・トリディツィオーネである。キャンティクラシコの新しいカテゴリー、グランセレチオーネとして販売される素晴らしいワインだ。キャンティクラシコエリアでは、サンジョベーゼ100％から造られる数々の逸品があるが、歴史あるそれらのワインと肩を並べるような品質を持っている。また、コロリーノ100％から醸造されるタッフェタも素晴らしいのだが、日本には輸入されていない。年産2000本の希少ワイン。タッフェタとは絹の事でシルクのように滑らかな舌触りを表現しているが、このワインが日本で飲める日が来るようにジョバンニと共に頑張りたい。

ロッソディセーラ

ワイナリーお勧めレストラン・ホテル
Trattoria Da Bule: http://www.trattoriadabule.it/wp/
Villa i Barronci: https://www.ibarronci.com/en/

―トスカーナ州―

VILLA PILLO

≪ヴィッラピッロ≫Winery

Strada Provinciale 4 Volterrana, 24, 50050
Gambassi Terme (FI)

+39-0571-680212

http://www.villapillo.com/

総責任者パメラさん

オーナーは米国人

今ではイタリアの多くのワイナリーは外国人が所有している。ドイツやスイスなどヨーロッパ域内の裕福な人が買うのだが、フィレンツェ近郊のガンバッシテルメにあるヴィッラピッロはアメリカ人のジョン・ダイソン氏が所有している。私よりも少し年代が上の方ならニューヨークを世界的に有名にしたきっかけの一つである「I LOVE NEW YORK」というキャンペーンをご存知だと思うが、ニューヨーク市の副市長まで務め、このキャンペーンの中心的な役割を担った人物がヴィッラピッロのオーナー・ジョンダイソンその人である。ジョンがこのワイナリーを買ったのはキャンペーンを終え、政治の舞台を降りてからの１９８９年だった。約５００ｈａの広大な土地の中には森や小麦畑、オリーブの木が多数点在し、葡萄畑は約５０ｈａとなっている。彼は旅行で訪ねたトスカーナを気に入り、フィレンツェからも遠くない温泉保養地であるガンバッシテルメを訪れた際に、このワイナリーが売りに出ていることを知りすぐに購入したそうだ。今回の取材でワイナリーを訪問した時も、昨年、一昨年に植樹した畑を見る事が出来たが、いまでも畑への投資をしている事からも、まだまだワイナリーは大きくなると思われる。品質の向上には投資を惜しまないし、高いビジネスマインドをジョンは持っている。

私がこのワイナリーに興味を覚えたのは１９９９年ごろで、イタリアのワインガイドを読んでいたらカベルネ・メルロ・シラーの国際品種を使い、ブレンドしない単一品種での瓶詰めを行っている、当時としては風変わりなワイナリーだったので訪ねてみたくなったからだ。早速アポイントを取り、当時の担当者とワイナリーを見学しワインを試飲した。アメリカ人がオーナーだという事は知っていたので、ワインもアメリカナイズされた味の濃い凝縮したものを想像していたのだが、その思いとは全く異なるバランスが取れた果実味と酸味が特徴的

アメリカ人オーナー　ダイソン氏の別荘

ソーヴィニヨンブランの畑

充実したショップ・総責任者パメラ

で、その頃のワインの流行とは一線を画すすっきりとした印象で非常に好感を持った記憶が今でも残っている。その理由を担当者に聞いてみてもはっきりとは分からなかったが、彼はアメリカでもワイナリーを2軒所有しており、カリフォルニアでピノノワールを、ワシントン州で同じような国際品種ワインとイタリアの原産品種（フリウラーノ）の白ワインを造っていたのだ。後に彼の紹介でニューヨークを訪問した時、ワシントン州のワイナリーを訪ねるのだが、そこのワインもヴィッラピッロと同じ様なスタイルで、決して凝縮したただけの濃いワインを造っている訳ではなかっ

ボルゴフォルテ

ヴィヴァルダイア

た。系統的にジョンは繊細なタイプのワインが好きなのだろう。

単一品種で瓶詰め

ヴィッラピッロには興味を引くワインが多数ある。単一で瓶詰めされているラインナップが多いのが理由でもあるが、シラーでは世界的に評価が高く、イタリアの専門誌でも最高評価を何度か受けた事がある。おそらくイタリアで作られるシラー種のワインとしてはトップクラスであろう。また、私が特に注目をしたいワインはカベルネフラン100%で造られるヴィヴァルダイア、そして、サンジョベーゼ・カベルネ・メルロのブレンドで造られるボルゴフォルテだ。カベルネフランに関しては、近年では特にトスカーナのワイナリーで栽培するワイナリーが激増しているが、こちらでは90年代から単一でワインを造っているので歴史は長く付焼刃的なワインではない。簡単にフランの特徴を言うと、カベルネソーヴィニヨンよりも晩熟ではあるが粒が小さく皮が厚い、完熟をしても酸度が下がらないので醸造品種としてポンテンシャルが高いからである。本書にも掲載されているボルゲリ・レマッキオレのフラッグシップワイン・パレオも2001年からカベルネフラン100%に変わっているが、その理由も同じである。パレオとヴィヴァルダイア。価格はかなり異なり、醸造場所も海岸と内陸の大きな違いがあるが比較してみるのも面白いと思う。ボルゴフォルテはスーパートスカーナの流れをくむインターナショナルなテイストが特徴で、特に販売価格が低いことが素晴らしい。飲んで貰えれば分かるが、これだけのクオリティを3000円以下で造るのだから、他のワイナリーにも見習ってもらいたいものだ。

ワイナリーお勧めレストラン・ホテル
Boscotondo: http://www.ristoranteboscotondo.it/
Hotel Lami: http://www.albergolami.it/hotel_e.htm

味のあるバリカイア

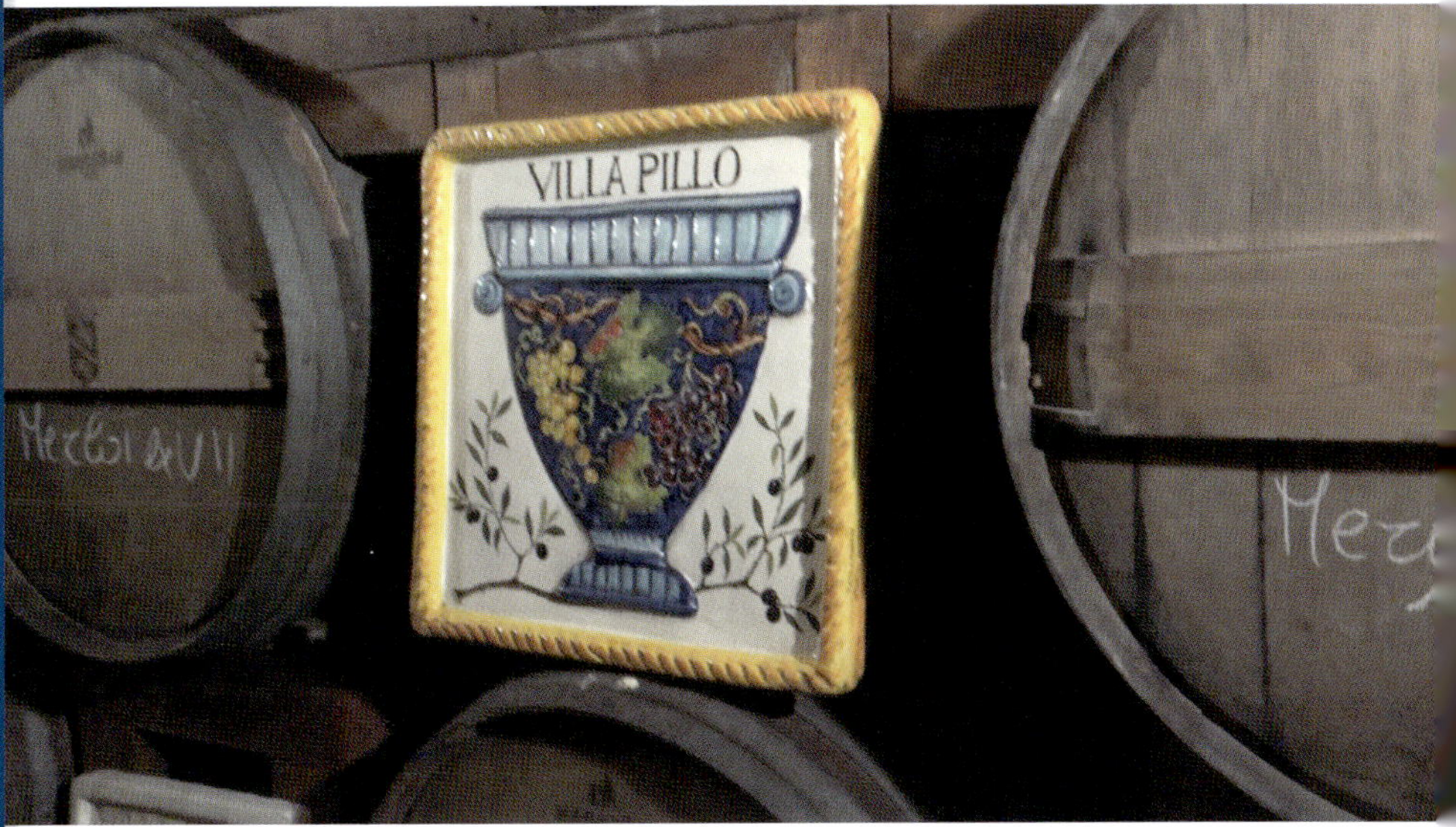

〜 アブルッツォ州 〜

≪フォッソコルノ≫Winery

Via Fosso Corno 64026
Roseto degli Abruzzi（TE）

+39-045-6201154

http://www.fossocornovini.it/
EN/index.html

オーナー マルコ ビスカルド

縁と友情のスリーショット

私は友人からよくこのような質問をされる。「イタリアのワイン生産地で今後注目をされるような場所があるのでしょうか」と。ピエモンテのランゲ、トスカーナのモンタルチーノやボルゲリなど世界的に認知された生産地に次いでという意味合いがあるのだろう。この10年来で話題に上がった生産地があるとすれば、シチリアの東部で今でも活発な活動を続ける火山・エトナ山周辺のワインだ。エトナは生産地域として独特なテロワールがあるので私も全く異論がないし、実際に世界中のワインジャーナリストもそのように考えている。そのエトナの次に素晴らしいワインを造り出すと思う地域があと二ヵ所あると私は考えている。一つはロンバルディア州の北部ソンドリオを中心としたヴァルテッリーナ、そしてフォッソコルノがあるアドリア海に面するアブルッツォ州テラモを中心としたコッリーネテラマーネだ。

畑の改革者

イタリアワインを詳しく知る読者の方なら、「何故、アブルッツォが」と疑問を持たれるかもしれないし、私も5年以上前ならこの生産地域は挙げていない。州の従来イメージやワインの品質が一部の有名・優良(ごく少数の)な生産者以外は大量生産の安っぽいものが

多数を占めて来たからだ。今でも生産者の多くは生産量を求めていて品質は二の次と考えているし、畑の仕立ても日本の観光農園で見られる天井仕立てを続けている（簡単にたくさんの葡萄が取れるので）。コッリーネテラマーネの葡萄栽培地域はアドリア海に面した丘陵地で標高は100メートルから300メートルの間、背後にはイタリアを背骨の如く貫くアペニン山脈があり、最も標高の高いグランサッソが控えている。この条件は本書にも何度か登場する、日中は海からの温かい風が吹き上げ、夜になると山からの冷たい風が吹き抜ける、葡萄にとって素晴らしい条件を持っていることである。海と山の影響を強く受ける畑から素晴らしい品質の葡萄を収穫しワインが造られるのだ。

　現オーナー・マルコ・ビスカルド氏はヴェネト州ヴェローナの出身である。マルコが何故アブルッツォでワイナリーの運営をしているかといえば、ワイン業で成功を収めた父・アウグスト氏が旅行で訪れたこの土地に一目惚れをしてしまい、2002年に独断で葡萄畑のある10haの土地を購入してしまい、自分のワイナリーを造ってしまったからだった。既に会社で共に働いていたマルコには全く相談がなかったそうだ。しかし、数年後にDOCGエリアとして認定される土地を買ったのだから、亡父には先見の明があったと今はいえるだろう。

葡萄の陰干しを取り入れたプロジェクトオルススに注目

　アウグスト氏がこの土地を買った時の葡萄畑は全てが天井仕立てだったので、翌年から全ての畑の改良をスタートさせた。全ての樹を引き抜いてしまい、仕立て方も垣根仕立てに変えた。品質の高いワインを造るためにゼロからのスタートを切った。マルコの会社はヴェローナにあったので、近くのワイナリーに相談をして優秀なコンサルタントを雇い入れ、アブルッ

収穫を前に一致団結

フォッソコルノ リセルバ

オルスス リセルバ

ツォの考え方ではなくヴェネトの考え方でワイン造りを始めるのだった。彼らが畑を作り替え始めた時、この地のワイン関係者からは冷笑されたそうだ。量を造れば収入が増えるのに、それを捨てて品質を追い求める考えが理解されなかったから、とマルコは回想している。

　アブルッツォ州全域で造られるモンテプルチャーノだが、特に条件がよいこの地域のみDOCG規定の高品質なモンテプルチャーノが造られる。実はこの地域はイタリア最良のワイナリーの一つと80年代からいわれているエドワルド・ヴァレンティーニ社があり（エドアルド氏本人は既に死亡）、彼の造るワインは一本が数万円で取引されている一方で、数百円から買える安価なものまである。大多数のワインは低品質なものが多い事もワイン生産

地域として混沌とする理由でもある。そんな状況に一石を投じたのがフォッソコルノだった。この地域のワイナリーの多くは自社葡萄畑を持たないで契約農家からの買い葡萄からワインを造る会社も多く、それでも専門誌やジャーナリストからの評価が高く、それほどのポテンシャルを持つワイン生産地域なのだ。フォッソコルノはテラマーネでいち早く畑の改革を始めた先駆者でもあり、今では多くのワイナリーが畑の仕立てを変えている。一つの裏話だが、15年ほど前に自社畑を持たない某有名ワイナリーがフォッソコルノの畑に顧客と共に来て、勝手に自社畑と紹介している場面にアグロノモが何度も出くわした事があるそうだ。

新プロジェクト

残念ながらアウグスト氏はワイナリーを購入した2年後に急死してしまい、夢半ばにして天国へと旅立ったが、その死を受け入れマルコは父の意思を引き継ぐことにした。2003年に10haから始まったワイナリーは今では30haまで畑を広げ約30万本のワインを造るに至っている。現在は多くの品種を栽培しワインの種類も多岐にわたる。新しいプロジェクトとしてアマローネで使われる陰干しのコンセプトを採用し、葡萄を収穫する直前に枝を切り10日ほど干し葡萄にして糖度を上げた葡萄か

アブルッツォの未来を語る

らワインを造る事も数年前からスタートさせた（オルススプロジェクト）。それに伴いスタッフの充実も図っており、2017年に醸造家としてモンキエロカルボーネの前オーナー・マルコモンキエロとコンサルタント契約を交わし、そして、キャンティクラシコ・サンファビアーノに在籍していたフランコ・カンパネッリを常駐のディレクターとして雇用している。フランコはマルケ州出身だがトスカーナ州ピサ大学の特別学校を首席で卒業した俊才である。マルコをワイナリーの柱として、両輪が揃った事になりフォッソコルノの更なる飛躍は約束されたようなものだと思っている。

私のお勧めワインは種類が多いのでセレクトがかなり難しいが、やはりフォッソコルノからは高品質・低価格のモンテプルチャーノダブルッツォ・リセルバと、少し値は張るがオルススプロジェクトのワイン、オルススリセルバである。両ワインともに樽熟成を1年以上かけ、瓶熟成も1年してから販売を始める。複雑な味わいと香りを持ち、価格以上の満足を得られると確信している。

ワイナリーお勧めレストラン・ホテル
Hotel Liberty: https://www.libertyroseto.it/
Ristorante D-One: https://www.donerestaurant.it/

取材を終えて収穫のキックオフ

名物牛肉の串焼き

— サルディニア州 —

≪ピエロマンチーニ≫ Winery

Via Madagascar, 17, 07026 Olbia (OT)

+39-0789-50717

https://www.pieromancini.it/

PIERO MANCINI

オーナー
アレッサンドロ マンチーニ

人気の避暑地

地図を見ると地中海のど真ん中には二つの島がある。一つはフランス領コルシカ島、もう一つがイタリア領サルディニア州だ。サルディニアは地中海覇権の重要な島なので、古代からの長い歴史があり中世からは様々な宗主国が現れては消えて行った。歴史的な遺産も実は多く、先史時代のヌラーゲと呼ばれる巨大石文明、ローマ時代、スペイン統治時代からハプスブルグ家、サヴォイア家を経て、今のイタリアに入る事になる。ワインとは直接の関係はないが、様々な方面からも興味をそそられる島だろう。

イタリア人にとっては憧れの避暑地であり、特に北サルディニアのパラウを拠点としたマッダレーナ諸島は世界中のVIPが訪れる場所だ。夏になると夜通しのお祭り騒ぎが朝まで続く。サルディニアの海は何処も素晴らしく、カリブ海のようなディープブルー、エメラルドグリーンの海が広がり、遠浅のビーチも多いので家族連れでも楽しめる。当然、魚介類の美味しさはイタリア随一といえるし、サルディニア産の伊勢海老（アラゴスタ）は世界一美味しいといわれている。また、日本の唐墨と同じものをサルディニアでも作っていてボッタルガといわれる。私も類に漏れず、

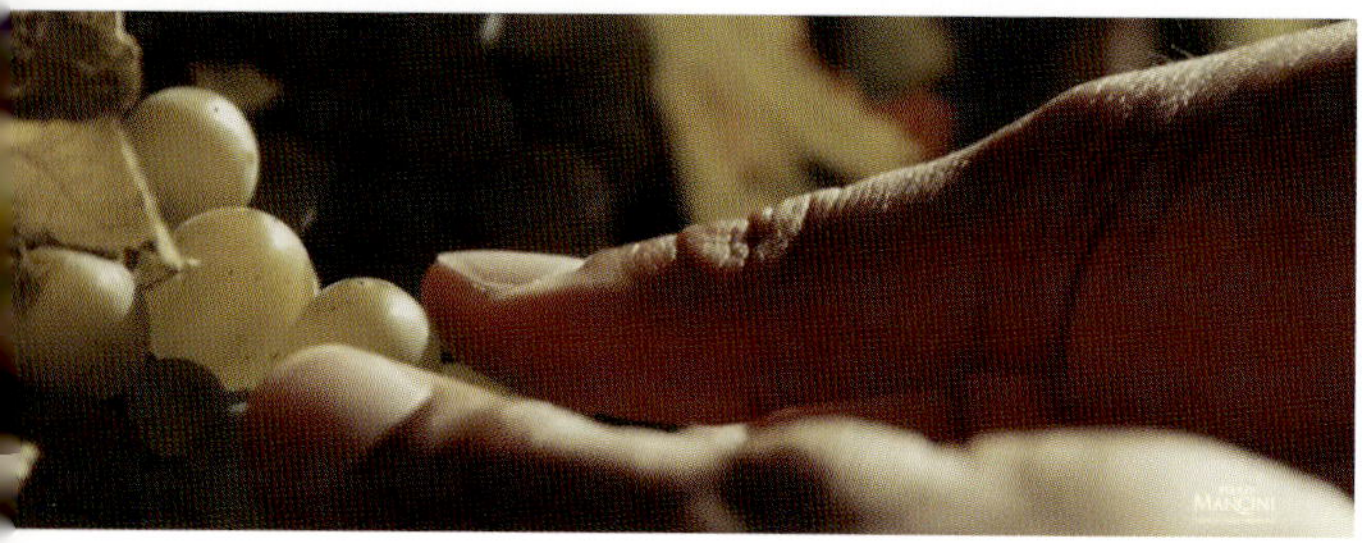

夏休みを5年続けてサルディニアで取った事もあるほど好きになった。もしイタリア旅行の際に時間が取れるなら、晩夏（8月下旬から9月にかけて）のサルディニアの訪問をお勧めしたい。

　ピエロマンチーニはサルディニアの北部オルビアに所在し、ワイナリーの設立は1989年と比較的新しいが、マンチーニ家はガッルーラといわれるこの地域にルーツがあり、葡萄畑は1900年代から所有していたそうだ。ワイナリーを設立したピエロ氏は幼少期をガッルーラで過ごしたが、成人してから州都カリアリで歯医者を営んでいた。しかし、若き日に過ごしたガッルーラの風景が忘れられず、故郷オルビアに戻り、ワイナリーをスタートさせた。ピエロマンチーニもほぼ全ての業務を家族で運営している。

　現オーナーはピエロの息子アレッサンドロになり、そのアレッサンドロの息子もワイナリーで働いている。現在は四つのエリアに分かれる120haもの葡萄畑を所有し、畑の標高も百メートルから五百メートルと幅広い。生産するワインのほとんどは原産品種の白ヴェルメンティーノ、赤カンノナウで、DOCGガッルーラの地域では最大の生産量を誇る大きなワイナリーだが、品質は素晴らしく価格も手頃である。

DOCGの二種

　オーナーアレッサンドロのワイン造りのポリシーは、あくまでも葡萄の出来に忠実で、果実が持つ本来

ピエロ マンチーニ　ラインナップ

の香りと味わいを表現する事である。この考え方は私が一緒に仕事をしているワイナリーのほぼ全てに共通していて、私のワインセレクトのベースになっている。マンチーニでは同一品種から数多くのワインを造る。価格レンジ、味わいの構成をしっかりと考えた結果で、ヴェルメンティーノ種のワインは発泡系が4種類、スティルが5種類とこれだけでもかなりの数だ。選択肢が多い事は飲み手にとっても有難い。

　私のお勧めはもちろんヴェルメンティーノなので、少しヴェルメンティーノについて書いておきたい。地中海沿岸部の白葡萄でイタリアでは主としてサルディニア、リグーリア、トスカーナの三州で栽培されている。本書にも掲載される他二州のワイナリーでもヴェルメンティーノからワイン醸造をしていているので比較されても面白いと思う。余談だがヴェルメンティーノ以外の白葡萄、ロエロ地区のアルネイス、ソアヴェ地区ガルガネガ、フリウリのマルバジアイストリアーナとリボッラジャッラ、今回は時間の都合で訪問できなかったマルケ州のヴェルディッキオ、シチリア州エトナのカリカンテと、これら各州の地場品種は、非常に個性があり味わいに特徴がある。白葡萄は赤葡萄よりも酸化に弱く醸造が難しい。美味しい白ワインを造る事は読者の皆様が思っている以上に大変な作業がある事は本書を通して読んで頂ければ分かるだろう。

　お勧めワインだがステンレスタンクで仕上げるDOCGガッルーラ、そして樽熟成をさせるDOCGガッルーラの二つだ。サルディニアでは内陸部では羊肉を多く食べるが（その場合、赤ワインはカンノナウやカリニャーノ）、それ以外はほぼ魚介料理を食す。魚貝・甲殻類の全てに合うワイン、それがヴェルメンティーノで、正に日本の食卓の為に作られているようなもの。また、先に書いたボッタルガにはサルディニア産のヴェルメンティーノが最も合うだろう。特有の臭みを感じさせない味わいがあるので試して頂きたい。また、ヴェルメンティーノから造られるスプマンテもお勧めしたい。

ヴェルメンティーノ
ディ ガッルーラ
DOCG スプマンテ

ヴェルメンティーノ
ディ ガッルーラ
DOCG スペリオーレ

ワイナリーお勧めレストラン・ホテル
La stria del Gusto:
https://www.lasartoriadelgusto.net/
Hotel Luna Lughente:
http://www.lunalughente.it/

南部イタリア編

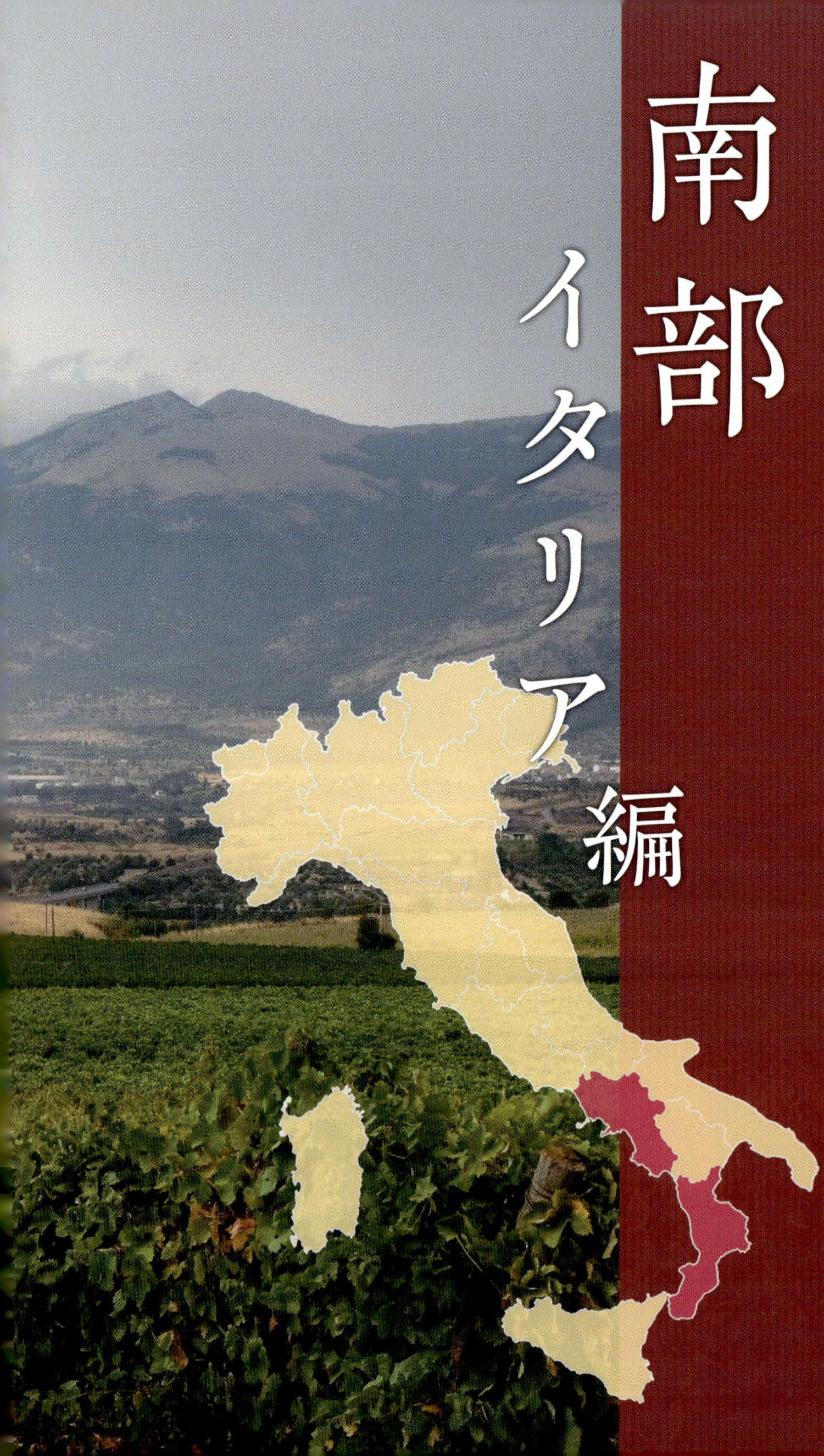

カンパーニャ州

《カンティーネファッロ》Winery

Via Virgilio, 80070 Bacoli (NA)

+39-081-8545555

https://www.cantinefarro.com/

白はファランギーナ

赤はピエディロッソ

オーナー ミケーレ ファッロ

ワイナリーの話をする前にファッロのあるカンピフレグレイと呼ばれる特別な地域の事を書きたい。元々の地名はギリシャ語からきており、意味は「燃え盛る大地」だ。信じられないがポッツォーリという町の数キロ背後には、今でも活動している大型の火山があり、地質学者にとっては格好の研究対象である。数万年の歴史の中で何度か大規模な噴火があった記録も残っている。現在の地形もかなり特徴的で衛星写真などを見ると上空から噴火口だったカルデラが数多く見られるし、幾つかは海中に水没してしまっている。現在のこの地域の葡萄畑の分布は、陸地になったカルデラの内部やその周囲に点在している。今もこの地域に行くとソルファターラと呼ばれる活火山公園があり、噴気活動を見る事が出来る。今でも噴火の可能性が非常に高い地域だが周辺には50万人もの人口があるそうだ。

砂質土壌の恩恵

カンピフレグレイの土壌は非常に細かい、灰のような砂で形成されている。数万年を経て溶岩が灰へと変わり、そこに野菜や果物の栽培が始まり今に至るのだが、この完全な砂質土壌のお陰で醸造用葡萄栽培は多大な恩恵を受けている事はほとんど知られていない。ワインの勉強を多少された方なら「フィロキセラ（和名はブドウネアブラムシ）」という病禍を聞かれた事があると思う。ワインの輸出が始まった19世紀後半のフランスに、アメリカから新しい葡萄の苗木を輸入した際、その台木にフィロキセラが付着していて、その虫

コンパクトでクリーンなカンティーナ

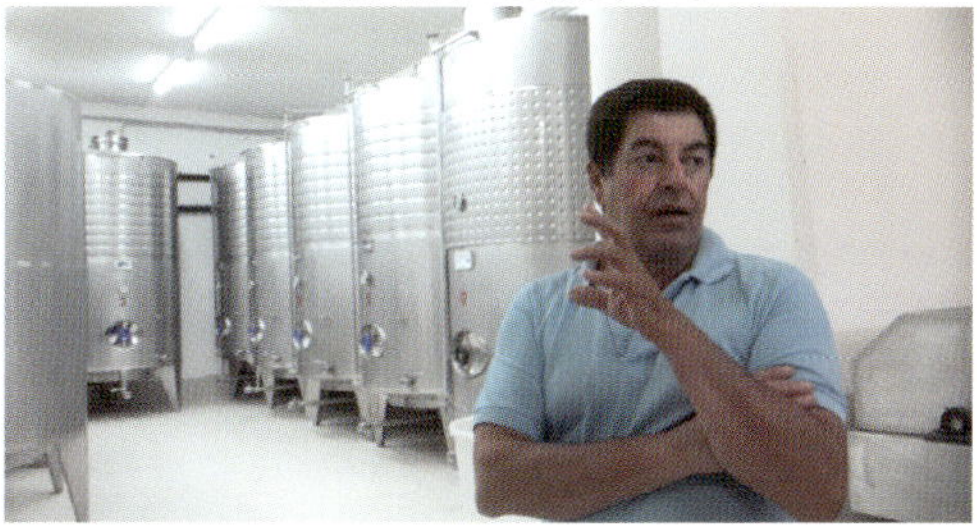

に対する抵抗力が無かったフランスを始めとするヨーロッパの葡萄樹が壊滅的な打撃（ヨーロッパ全体の95％以上の畑が被害を受けたそうだ）を受けたのだった。奇跡的にこの被害を受けなかった地域がヨーロッパの中でも少ないながら残っていて、そのうちの一か所がカンピフレグレイだった。もちろんフィロキセラはイタリアにも到達したのだが、この地域では被害が出なかった。理由は完全な細かい砂と火山地帯による地熱の高さと硫黄分の高い土壌によりフィロキセラが死滅または移動が出来なかったからである。フィロキセラの影響を受けなかった地域の葡萄樹は「プレ・フィロキセラ」といわれ、現代のワインシーンにおいては本当に貴重とされている。カンピフレグレイは300ha以上がこの純粋な砂質土壌で、ほぼ全てがプレ・フィロキセラの葡萄樹であり、神に選ばれた土地といっても過言ではないだろう。世界中のワイン生産地では、自国の原産品種の他に国際的な品種を栽培し多種多様なワインを造るが、カンピフレグレイではフィロキセラの被害が無かった結果、地域で栽培していた以外の品種を作る必要がなかったので、今でもほぼ100％に近くこの地域の原産葡萄である白はファランギーナ、赤はピエディロッソ、の2種類しか栽培していない。

葡萄の味わいを大切に

前置きがかなり長くなったが、ファッロもファランギーナとピエディロッソしか造っていない。カンティーネファッロは現オーナー、ミケーレの祖父が1926年に設立した歴史のあるワイナリーだ。祖父から父へ、そしてミケーレに代替わりしたのは1980年で、現在に至っている。醸造家でもあるミケーレのワイン造りの哲学はシンプルで、収穫された葡萄の味わいをそのままワインとして表現することだ。全てのワインに木の樽は使わずに醗酵・熟成をさせる。ファッロでは祖父

カンティーネファッロ　ラインナップ

取材を終えて打ち上げ

の代からこの造り方は変えていないそうだ。現在は25haの畑から25万本のワインを造っている。

書いてきたようにファッロのワインはシンプルそのものだが、私がお勧めするファランギーナのクリュ・チリアーテは特別なワインだ。アヴェルノ湖を見下ろす標高600メートルの高台に葡萄畑があり、特に樹齢の高い葡萄樹を選び抜いて完熟まで待ち、収穫は遅らせる。出来上がるワインはファランギーナながら非常に複雑な香りと味わいを持つものになる。彼はカンパーニャ州で造られるファランギーナは二つの系統に分かれると語る。一つはカンピフレグレイで造られるワイン、そして、ナポリの北東、ベネヴェント地方で造られる内陸のワインだ。この二つの地域で栽培されているファランギーナはクローンが異なり、ギリシャのクローンを持つものがカンピフレグレイにあるそうだ。ローマ時代、皇帝や貴族の避暑地であったこの土地が持つ太古のロマンに思いを馳せて、ファッロのチリアーテを飲むのも一興かと思う。

ワイナリーお勧めレストラン・ホテル

Ristorante Akademia:
https://akademiacucina.it/
Albergo Arco Felice:
https://www.averno.it/

ミケーレも上機嫌

― カラブリア州 ―

FERROCINTO®

VINI E SPUMANTI DEL POLLINO

≪フェッロチント≫Winery

Contrada Ferrocinto, 87012 Castrovillari（CS）

+39-0981-415141

http://www.ferrocinto.it/

若き経営者ルイジ

若いワイナリー

2007年に設立されたフェッロチントは歴史の浅い若いワイナリーで、オーナーのルイジ・ノラも1977年生まれ、父は事業で成功した。母は貴族でカストロヴィッラリの高台に城を持っている。フェッロチントの母体となるのは、父が経営するカストリヴィッラリのカンポヴェルデという農業協同組合だ。ここでは果実の栽培と酪農が主な業務で、桃やキウイの輸出ではカラブリア州でも相当に大きな企業で、酪農業に至ってはコセンツァ県の80％の牛乳を出荷しているそうだ。牛乳があればチーズも作り特産のカチョカヴァッロも有名だ。葡萄畑は母方の家族で所有していたが、ルイジが高品質なワインを造る目的で、ワイナリーとして新しく始めた事業でもある。

フェッロチントを紹介してくれたのは、本書にも登場するピエモンテのモンキエロカルボーネの前オーナー、マルコ・モンキエロだった。モンキエロカルボーネの運営は既に息子に譲っており、本人は自分の強い希望で、イタリア各地の興味深い無名なワイン生産地域でのコンサルタントを始めていて、カラブリア州の特異なエリアのワイナリーのコンサルタントを買って出たのだった。

カラブリア州の有名ワインは南部の沿岸部・チロというワインが唯一知られているだけで、それ以外の生産地域は全く知られておらず、話題にさえなる事はなかった。しかしマルコはフェッロチントの自然環境に惚れ込み仕事をする事に

マリオッコ ドルチェ

需要に応えるタンク群

なる。マルコを引き付けたフェッロチントの最大の魅力は所有する葡萄畑の標高にあった。チロを生産する沿岸部はトスカーナのボルゲリと同じように土壌が肥沃で気温が上がる傾向にあり、パワフルで凝縮度の高いワインを造るエリアとして有名になった。近隣のバジリカータ州（アリアニコ種）、プーリア州（プリミティーボ種）もパワフルなワインで有名だ。しかし、フェッロチントが持つ畑は標高が高く海抜４００メートルから６００メートルの高台に畑が広がり、背後にはポッリーノ山脈が控えていて、ピエモンテやアルトアディジェ、フリウリなどの条件に近かった。そこに

ティンパ デル プリンチペ

泡も丁寧に熟成

機能的なディスプレイ

マルコは魅力を感じたのだった。

母体は大きな会社なので資金力もあり、マルコの考える技術的な投資にも十分に応えるだけの力があった。オーナーのルイジも若く新しい事業に対して情熱に溢れていたので素晴らしいスタートを切る事が出来たワイナリーだと思っている。私がフェッロチントのワインを飲んだのは2008年で、今ほどの完成度は無いにしても本当に北イタリアの上級レベルのワインを連想させるほどだった。穏やかな果実味としっかりとした酸味とミネラル質を持っていて、それは感激したことを記憶している。母体の会社は葡萄畑よりも果樹畑の方が大きく、桃の木の栽培面積は1200haを越える。葡萄畑の下側に果樹園が広がっていて、この桃の木からの影響がワインにも表れている。ティンパデルプリンチペを飲むと、完熟した白桃の味がするから驚いてしまう。

優れたスプマンテ

ワイナリーで栽培する葡萄品種は多岐に渡り、原産葡萄品種である白のモントニコとグレコ、赤のマリオッコから素晴らしく魅力溢れたワインを造る。また、国際品種も多数造っていて選択肢も多い。イタリアは何処の地域でも土地に根差したワインを造るが、この地域ではポッリーノという新しいDOCのカテゴリーがフェッロチントの努力で陽の目を見た。少し触れたチロエリアの原産品種は白がグレコで赤がガリオッポ。品種に合う気候条件が正反対の面白さがある。チロは肥沃で気温が高く凝縮系のワインを造るが、ポッリーノは鉄分が多くチロよりは痩せた土壌、

ポッリーノ ロザート

カラブリアの南の海のイメージと全く異なる景色と環境

気温も低く昼夜の寒暖差が大きいので出来上がるワインは少し細く繊細なワインだ。同じカラブリア州ながら味わいの傾向は全く異なる。また、シャルドネからブランドブランを、アリアニコからブランドノワールの瓶内二次醗酵のスプマンテも造っている。南イタリアで造られる発泡酒としては専門誌での評価も高い。

　私のお勧めの白は前出のティンパデルプリンチペだ。このワインは料理のジャンルを問わず、また飲んだほとんどの方が美味しいという素晴らしい品質を持っている。イタリアの自宅で私が最も多く飲む白ワ

過去最高のンドゥイヤ

インでもある。また、モントニコ100%から造られるポッリーノビアンコも同様に素晴らしい。もう一本は赤と言いたいが、私はアリアイコから造られるポッリーノロザート、ロゼワインをお勧めした。大樽で5か月ほど熟成をさせるのでロゼとしては珍しいが、たくましく複雑な味わいが特徴だ。ロゼで美味しいワインを飲んだことがないという方にはぜひチャレンジして欲しい。

ワイナリーお勧めレストラン・ホテル
Locanda di Alia: http://www.locandadialia.it/il-ristorante/
Albergo Barbieri: http://www.famigliabarbieri.net/

最高のカラブリア料理を堪能

あとがき

本書の出版に際し、西村氏とは2回のイタリア取材を敢行した。取材順にあげて行くと、1回目は6月25日から7月2日まで、ヴェネト州レ・マンザーネから始まり、フリウリ州ディ・レナルド、テレザライツ、テルチッチ、ヴィエ・ディ・ロマンス、ヴェネト州サンタアントニオ、アルトアディジェ州カンティーナ・ディ・ボルザーノ、トスカーナ州オルマンニ、ポッジョピアノ、バディア・ディ・モッローナ、レ・マッキオレを周り、２５００キロ超を走った。2回目は8月25日から9月4日まで、トスカーナ州レ・コルティ、ヴィッラピッロ、ピエモンテ州モンキエロカルボーネ、スカリオラ、ペッケニーノ、リグーリア州マッシモ・アレッサンドリ、ロンバルディア州イル・モントゥ、ヴェネト州コルテ・フィガレット、アブルッツォ州フォッソコルノ、カラブリア州フェッロチント、カンパーニャ州カンティーネ・ファッロを周り、３５００キロ超を走った。私自身、この2回の取材で訪問ワイナリーは22軒、全走行距離は何と６０００キロを上回った。東京―大阪間が約５００キロなので、6往復以上した事になる。これだけ凝縮して、短期間で多くのワイナリーを周るのは、仕事を始めて、なりふり構わずに動き回った２０００年代初頭にあるか、ないか、だと思う。かなり大変な日程ではあったが、事故や怪我などアクシデントが全くない素晴らしい旅だったと思うし、序文にも書いた「本当に好きな仕事」がほぼ１００%の形で出来たと思っている。

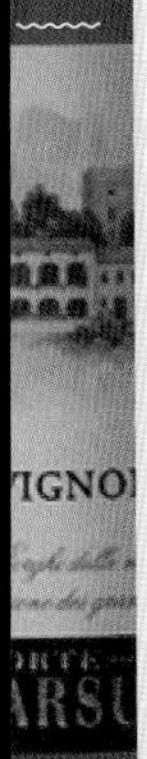

どんな業界でも20年以上続けて現場にいれば、それはベテランの領域になると思う。その事に読者の方も異論はないだろう。私もイタリアワイン業界の古株の一人なので、90年代半ばから起こった何度目かといわれる、本当の意味でのワインブームが日本にどのようにスタートをして、今に至っているのかを現場で見て来たつもりだ。以下に書く事はあくまでも個人的な考えである事はご承知願いたい。

1995年に世界ソムリエ選手権が日本で開催された。何故、日本で開催されたのか、理由を私は知る由もないが、本大会に出場した日本人ソムリエ（現・日本ソムリエ協会会長の田崎真也氏）がこの大会で並居る強豪を抑えて優勝した。ワイン後進国（とほぼ参加した全員が思っていただろう）日本のソムリエが、フランス人、イタリア人、諸々の外国人を抑えて優勝した事は、私でさえ驚嘆したし、凄い事だと思った。ほぼ全てのマスメディアや関連する業界がその事を取り上げ、それまでワインに興味が無い人にまで、ワインが浸透して行く切っかけになったのだと思う。

さて、イタリアワインに目を向けると、もっと遅れてワインとは全く異なる分野から始まった。イタリアから発信されるファッションなどのモーダ、家具や車などの「素敵なライフスタイル」がファッション誌を中心に取り上げられ始めた。そして、健康志向の走りといえるイタリア半島を中心とした「地中海ダイエット」、オリーブオイルとワインのある生活が一般情報誌で取り上げられ始めた。90年代後半から起きた〝イタリアブーム〟に乗り、食文化の中の〝イタリアワイン〟へと辿り着くのだった。

日本に於ける「真のワインブーム」の出発点を仮に1995年と考えると、それから25年近く経ち、イタリアワインに限らず、ワインを取り巻く全ての環境は、良くも悪くも（どちらの比率が大きいかは個人の感覚なので）変わって行った事は、本書を手に取って頂いた読者の方々は、ほぼ100%感じている事だろう。ただし、新しい読者の方々には、何をいっているのか・・・、かも知れないので、周りにいるだろう50代のワイン愛好家の友人から話しを聞いて欲しい。

1990年代後半から2000年代半ばまではイタリアワインの最隆盛期だった。フランスワイン的な基準から考えれば、イタリアワインの品質基準が劇的に上がり、価格は抑えられていて品質とのバランス感が急激に向上し、日本は元より世界的にワインが売れるようになった。有名銘柄やガイドで高評価を得たワインは、本当に飛ぶように売れた時代だった。ただし、その結果、ワインを造れば売れるような状況下、多くのイタリアワイナリーは値上げをする傾向が強くなって行った。徐々にフランスの有名銘柄と価格が変わらなくなって行ったのだ。永遠に蜜月が続く訳もなく、2000年代後半に起こった〝リーマンショック〟を契機とした世界的な経済不況の煽りを受け、ワインの消費も急激に落ち込んだ。増産、価格上昇をしたイタリアワインの売れ行きに暗雲が漂い始めたのだった。

この経済不況の影響により、世界中の人間が肉体的にも、精神的にも疲弊してしまい、それまで好調な販売を続けていたパワフルなワイン（濃くてアルコール度数も高い）が売れなくなった。疲れた身体に強いお酒は辛い物だからだ。そんな状況下でワインに目を向けると、新しいジャンルとして「自然派ワイン」が同時期に発生した。これはナチュラル志向のライフスタイルと相まって、また、日本語としては響の良い言葉ゆえ、90年代からのワインブームを経験したコアなワイン愛好家や、それを知らない新世代のワイン好き、新しいものが好きな日本人の性格に合致し、瞬く間に完全に１つのワインジャンルとして確立された。今はこの世代の人間（20代後半から40代前半だろうか）がワイン市場を牽引しているともいえるかも知れないが。そして、２０１５年以降は、さらに新しいジャンル「オレンジワイン」なるものも出現し、様々な味わいのものが経験出来るようにもなって来た。この様にワイン市場は複雑化して行った、と私はそう考えている。この事は選択肢が増え一見楽しそうにも思えるが、ワインが嗜好品という性格故、日本では混沌としたワイン市場になってしまったともいえるのではないか。私から見れば混沌以外の何物でもないのだが。

　そして今回の本、前著がほぼ9割近く文章構成になっているので完全な「読み物」として出版されたが、今回は前著と傾向を変えて、ヴィジュアル本としてより分かり易く、画像情報（写真・データ）を主体として出版する事にした。よりシンプルに、ジャンルに捉われないワインが掲載されていると思っている。１９９７年2月に初めてワイナリーを、自分の仕事として訪問した。その訪問の手助けをしてくれたのは、１９９２年に留学していたイギリスで知り合ったイタリア人男性の友人（私の日本に於ける結婚式の立会人をしてくれた）で、フリウリの小規模生産者を４歳訪問した。それから現在に至るまで訪問したワイナリーは１００蔵近いだろうか、そして、累積すると60軒ほどのワイナリーと仕事をしたが、現在では30蔵程度に収まり、しかし、半数以上のワイナリーとは15年以上付き合っている。

　私の仕事は、分野としては特異な職種になるだろうから、親しい友人でも正確に「何をしているのか」を知っている方も多くはなく、また、日本に輸入されているどのワイナリーに、どのワインに、関わっているのか、分かって貰ってはいないだろう。私が彼らと仕事をする出会いから今に至るまでの事を、正確に伝える為の１冊の本として完成させたつもりである。

　今回の出版にあたり、全行程の段取りと通訳を務めてくれた妻・ジョバンナには、前著同様に大きな謝辞を送りたい。また、２回に渡り同行取材を務めてくれた盟友・西村タケシ氏にも感謝したい。彼の提案が無ければこの本は出来なかったと思っているので。Grazie mille!!!

大阪

天麩羅とお蕎麦・三輪（みわ）
大阪府大阪市北区堂島1丁目2−23田園ビル3F Ⓣ06−6343−0380

堂島雪花菜（どうじま・きらず）
大阪府大阪市北区堂島3丁目2−8 Ⓣ06−6450−0203

森サンジョベーゼ
大阪府大阪市北区中崎1丁目8−8 2F Ⓣ080−3844−3017

Antica Trattoria Chrono（アンティカ・トラットリア・クロノ）
大阪府大阪市都島区東野田町1丁目15−13 Ⓣ06−6352−5234

広島

La Sette（ラ・セッテ）
広島県広島市中区広瀬北町2−28 Ⓣ082−297−1207

Speranza（スペランツァ）
広島県広島市中区小網町6−23 Ⓣ082−232−3997

Metcha Monte（メチャ・モンテ）
広島県広島市中区銀山町11−13−2 Ⓣ082−249−3286

松山

Uggla（ウグラ）
愛媛県松山市三番町4丁目1−9 Ⓣ089−993−6331

高知

Se Relaxer(ス・リラクセ)
高知県高知市帯屋町2丁目1−34 Ⓣ088−854−8480

高松

Vineria TAJUT（ヴィネリア・タユート）
香川県高松市2−1 Ⓣ087−880−2677

松江

Al Sole（アルソーレ）
島根県松江市伊勢宮町535−48 2F Ⓣ0852−28−0272

山口

Il Secondo(イル・セコンド)
山口県山口市熊野町4−11 Ⓣ 083-976-6150

小倉

Bisteria Bekk(ビステリア・ベック)
福岡県北九州市小倉北区魚町4丁目3−8 モナトリエ Ⓣ 093-522-5225

TORI-BARU（トリ・バル）
福岡県北九州市小倉北区堺町1丁目3−6 Ⓣ 093-521-4998

博多

Perche No(ペルケ・ノー)
福岡県福岡市中央区警固2丁目17−10 SPAZIO けやき通りビル Ⓣ 092-725-3579

Kasa(カサ)
福岡県福岡市中央区大名1丁目14−28 第一松村ビル Ⓣ092−986−4350

Vinetia Basso（ヴィネリア・バッソ）
福岡県福岡市中央区白金2丁目13−5 Ⓣ092−521−5305

佐賀

VinoBar Tocco（ヴィノバル・トッコ）
佐賀県佐賀市4 白山2丁目4−4-2F Ⓣ0592−37−1027

著者がお勧めする酒屋さん・レストラン

酒屋

山本酒店
東京都三鷹市下連雀4丁目16－18　Ⓣ0422－43－5586

土浦鈴木屋
茨城県土浦市田中1丁目7－15　Ⓣ029－821－1938

ワイングローリアス
大阪府大阪市中央区釣鐘町 1-1-1　Ⓣ06－4791－0808

はやしや商店
北海道札幌市東区北21条東13丁目1－17　Ⓣ011－731－0866

リカーミトモ
広島県広島市西区横川新町2－7　Ⓣ120－313－380

酒の三平
山口県山口市平井6790　Ⓣ83－922－7027

古武士屋
福岡県北九州市小倉北区熊本1丁目1－3　Ⓣ093－923－5555

トレ・バンビーノ
福岡県福岡市中央区白金2丁目15－7　Ⓣ092－534－4488

レストラン

東京

Per Bacco（ペルバッコ）
東京都中野区東中野3丁目10－3　Ⓣ050－5870－0515

Di Vino（ディヴィーノ）
東京都千代田区二番町7－3 Ⓣ03－3237－7020

Nodo Rosso（ノードロッソ）
東京都中央区新富1丁目6－5 107 Ⓣ050－3462－7024

Enoteca Vita（エノテカヴィータ）
東京都新宿区神楽坂2丁目9－6 Ⓣ03－3267－6070

神楽坂イタリアン
東京都新宿区横寺町68 唐沢ビル 1F Ⓣ03－5579－8961

土浦

笑福食堂
茨城県土浦市大和町3－2 第2池田ビル 1F Ⓣ029－827－1704

横浜

Goffo（ゴッフォ）
神奈川県横浜市西区浅間町1丁目2－6 Ⓣ045－620－7077

札幌

Torattoria Pizzeria Terzina（トラットリア・ピッツェリア テルツィーナ）
北海道札幌市中央区北2条東4丁目 サッポロファクトリー レンガ館 1F Ⓣ011－221－3314

HASSO Dolceteria（ハッソウ・ドルチェテリア）
北海道札幌市中央区南2条西5丁目 SCALETTA3F Ⓣ011－231－7778

軽井沢

Trattoria Riposo（トラットリア・リポーゾ）
長野県北佐久郡軽井沢町大字長倉2010－7 Ⓣ0267－41－3501

イタリアワイン
Enotecca C.d.G　兒玉　庄
太郎
手塚美寿々
村上達夫
村上高明
平岡　篤
図師 康佑
SuzuPeng
朝長 直樹
田村豊文
村上岳夫
橋本春海
南雲智敬
久保 匡之
Giorgio OKADA
Hirokazu Nakaza
小松淳子
若狭尚美
渡邉 達
Vino Gappo 田邊
KAZUTO GIULIO
TOGUCHI
矢澤幸治
Keiko Hirano
伊料理 ROGGIO
かんちゃん
清水雄介
橋本理沙
島貫有加
横井　隆
澁谷健吾
Angela Yuka
高田　淳
芦田朗子
利森幸子
Francesco
Franca Fujikawa
福間　安彦
清水雪絵
Due 湯浅
岡田圭太
太田博暁
木村洋二
Rieko Nakamoto
Toshiro FUjii
大江宗幸
俊之
itose
西村茉莉子
本間敏行
中村淳子
本名
天麩羅とお蕎麦　三輪
TOMOHIRO WATANABE
江上志保
江上正威
白石健治
横井 直美
山川 裕之
Mizuki
若月　弦
ostelia　La baia
大西晶子
コルレオーネ
せるぽわ
坂本貴志
土屋雅之
河井麻子
青山龍也
志村和弘
ミオバール
チェリー 福田成宏
熊川幸太
木原大輔
廣橋伸治
西井　翔
野里 知美
Mangiafuoco 宇賀神
Miho Kawai
若宮三賀
藤村悦子
黒川拓郎
Rie
村本裕彦
毛利　亮
田丸 健一
海野　正俊
田村由美子
Yuriko Higo
Akiko Yamamoto
Hiroko NAKAO
Freddie Eto
Nodo Rosso
中田　祐治
森本明子
沢井昭司
TAKEHARA Mikiko
伊東 長敏
堤　克嘉
西村博昭
大内　宣人
ai shinoda
植木寛子
稲葉善紀
Takuya.F
Granchio 柴垣 豊
所　幸則

本書刊行にご支援頂いた方々

秋本晃宏
伊藤彰俊・理緒
kaoritaly
石垣亜也子
per Bacco 権田雅康
小田川浩士
丸山 伸幸
田中敏文
永田経一
木下隆義
ノンちゃんのパパ
柳沢
Hiroshi Yamashita
林　晃
鈴木則志・香奈子
徳永雄三
FJ
La Cantina BESSHO
kasa
vinoria BASSO
坂 健志
力山弘樹
入江宏行
神楽坂イタリアン 蒲生弘明
Eiko
服部　憲治
Toshiyuki Mori
柏　貴光
新海寛司 発売日付け
amadeus-toshio
Jo
YUMIKO NAKAMATA
野里 崇裕
山本 明
平田晃己
矢澤徳久
義郎 & 新子
Yoshihiro Mori
八木香里
篠原豊
メッチャモンテ 中山典保
秋山　一
加藤久美子
TIGER(井川 春)
河合祐子
鷲尾　学
ほろ酔いカレッジ西島学長
miwaken
佐藤賢治
Principessa Turandot
こうちゃん
喜太郎
大木高志
伊與田耕一
かんのまさみ
Rezzo 和田直樹
ステラマリー　秋山まりえ
大村秀樹
武井孝達
荒谷裕之 早苗
佐々木保 & 剛
和田千惠子
kamiya
＊ aya ＊
堂島雪花菜
柏井隆志
トミナガヒロユキ
平山直樹
若杉慎司
寺西太亮
新矢誠人　新矢由美
金丸徳雄
深沢友岳
イタリアわいん BAR54 小林豪志
池川大喜
丸山智広
小澤 剛
酒井宗直
西野ともひと
la cucina ventitre
入江友枝子
Paroles et musique.
Yoshimura
志保子
Takahiro K.
齋藤貴夫
小室卓也
LUMINO CaRINO
滝　久雄
Chiaki KATO
望月廣子
西村まきこ
テゾリーノ 石井 良幸
池田美穂
黒木圭子
佐々木 美香子
サトウタツヤ
片山秀人
榊原ゆうこ
桑原真盾
前田浩孝

川頭義之（かわず・よしゆき）

1962年 神奈川県湘南生まれ。明治学院大学卒業。在学中は体育会ラグビー部でＦＷ。卒業後は商社に勤務。留学先のイギリスで妻のジョバンナさんと出会い、イタリアワインに目覚める。９６年、勤務先を退社し、夫婦でイタリアワインの輸出斡旋業務を開始。「リーズナブルで真に価値あるワイン」の普及をモットーとする。イタリアソムリエ協会会員。「リアルワインガイド」誌で試飲テスターを務める。著書に『イタリアワイン 最強ガイド』（文藝春秋）。父は映画監督・故川頭義郎。俳優・川津祐介は叔父。

イタリアワイナリー 最上の24蔵

2019年12月25日発行

著　　者　川頭義之
装　　丁　世良　充（ファイルス）
レイアウト　世良　充（ファイルス）
発 行 者　宮島正洋
発　　行　株式会社アートデイズ
〒160-0007　東京都新宿区荒木町13-5
四谷テアールビル2F
電話（03）3353-2298　FAX（03）3353-5887
http://www.artdays.co.jp
印 刷 所　大日本法令印刷株式会社